工伤预防知识学习手册丛书

工伤预防：
职业病防治知识学习手册

主　编◎赵云昊　李聪聪　佟瑞鹏
副主编◎毛　颖　赵晶荣

中国劳动社会保障出版社

图书在版编目（**CIP**）数据

工伤预防：职业病防治知识学习手册 / 赵云昊，李聪聪，佟瑞鹏主编. -- 北京：中国劳动社会保障出版社，2025. --（工伤预防知识学习手册丛书）. -- ISBN 978-7-5167-7083-2

Ⅰ．X928.03-62

中国国家版本馆 CIP 数据核字第 202517BX60 号

工伤预防：职业病防治知识学习手册
GONGSHANG YUFANG: ZHIYEBING FANGZHI ZHISHI XUEXI SHOUCE

中国劳动社会保障出版社出版发行

（北京市惠新东街 1 号　邮政编码：100029）

*

天津市银博印刷集团有限公司印刷装订　　新华书店经销

880 毫米 ×1230 毫米　32 开本　3.75 印张　81 千字

2025 年 6 月第 1 版　2025 年 6 月第 1 次印刷

定价：16.00 元

营销中心电话：400-606-6496

出版社网址：https://www.class.com.cn

版权专有　　侵权必究

如有印装差错，请与本社联系调换：（010）81211666

我社将与版权执法机关配合，大力打击盗印、销售和使用盗版图书活动，敬请广大读者协助举报，经查实将给予举报者奖励。

举报电话：（010）64954652

"工伤预防知识学习手册丛书"编委会

主　任： 佟瑞鹏
副主任： 张姜博南　李宝昌
委　员： 孙　浩　张渤苓　王露露　王乐瑶　张东许　赵　旭
　　　　　孙宁昊　和杰花　李佳航　胡向阳　王　乾　梁梵洁
　　　　　李　鑫　王楚涵　赵云昊　宋轩宇　王登辉　姚泽旭
　　　　　尹雪晨　郭　钰　孙鹏依　韩吉祥　张晓磊　孟子尧
　　　　　刘贤鹏　柴文浩　李慕晨　未宗帅　毛　颖　王益艳
　　　　　赵晶荣　董国宇　杨昂滨　武　琪　李佳琦　张笑璇
　　　　　连芳菲　王智浩　吴韶辉　李聪聪　李昕阳　张培森
　　　　　张智慧　邓盈祺　郝彬鑫　芦佳乐　尼玛平措
　　　　　皮芙萍

内容简介
INTRODUCTION

工伤预防是预防、补偿、康复"三位一体"工伤保险制度体系的重要组成部分，各级相关管理部门、用人单位以及广大职工应当依法坚持采取一切措施落实工伤预防工作，降低工伤事故伤害和职业病的发生率。目前我国职业病危害仍十分严重，要向广大职工群众宣传培训职业病防治知识，有效提升用人单位和广大职工预防职业病危害的能力，降低职业病发生率和致残致死率。

本书是"工伤预防知识学习手册丛书"之一，全面系统地介绍了工伤保险和工伤预防基础知识，梳理了工伤事故预防及职业病相关基本概念，以法律法规、规章制度、国家标准以及技术规范为依据，重点介绍了职业卫生基本知识、职业病危害因素及其防护、职业病防治管理和常见职业病危害事故应急救护等内容。

本书内容精简实用，典型性、通用性强，文字表述浅显易懂，版式活泼，搭配原创漫画配图，以便于对重要知识的理解与掌握。本书既适合在工伤保险集中宣传活动中进行基础知识普及，也适合各级工伤保险主管部门、各类用人单位开展工伤预防宣传培训时使用。

目 录
CONTENTS

第 1 章　工伤保险和工伤预防 /1
1. 工伤保险的定义与特点 /1
2. 工伤保险的重要意义与原则 /3
3. 我国工伤保险制度发展历程 /5
4. 工伤保险基金与参保缴费 /7
5. 工伤认定 /8
6. 劳动能力鉴定 /12
7. 工伤保险待遇 /13
8. 工伤预防的概念与作用 /15
9. 职工工伤保险和工伤预防的权利和义务 /17
10. 工伤预防管理模式 /19

第 2 章　职业卫生基本知识 /21
11. 职业卫生与职业病基本概念 /21
12. 职业病分类和目录 /23
13. 职业健康监护 /27
14. 职业卫生监督制度 /31
15. 各行业工伤预防工作应重点关注的职业病危害因素 /31

16. 工作场所有害因素职业接触限值 /35

17. 职业危害的评价与控制 /37

18. 劳动者的职业卫生保护权利 /39

第3章 职业病危害因素及其防护 /41

19. 职业病危害因素的定义及其分类 /41

20. 生产性粉尘 /42

21. 粉尘的危害防护与治理 /45

22. 作业场所粉尘监测 /47

23. 尘肺病 /50

24. 生产性毒物 /53

25. 职业中毒 /56

26. 高分子化合物 /59

27. 刺激性气体与窒息性气体 /61

28. 生产性噪声 /64

29. 生产性振动 /66

30. 高温作业 /69

31. 射频辐射与电离辐射 /71

第4章 职业病防治管理 /77

32. 职业病防治管理措施 /77

33. 职业病防护设施 /79

34. 劳动防护用品分类与配备 /81

35. 职业病危害因素检测 /87

36. 产生职业病危害的设备和材料管理 /88

37. 相关从业人员职业卫生培训 /90

38. 职业健康监护档案 /91

第 5 章　常见职业病危害事故应急救护 /95

39. 职业病危害事故的特点与预防 /95

40. 职业病危害事故现场处理原则 /97

41. 急性中毒的现场处理措施 /98

42. 中毒窒息的救护措施 /100

43. 化学灼伤的现场处理 /103

44. 中暑的现场救助 /105

45. 口对口人工呼吸操作 /108

46. 胸外心脏按压操作 /110

第1章 工伤保险和工伤预防

1. 工伤保险的定义与特点

（1）工伤保险的定义

工伤保险是指国家立法实施的，通过用人单位缴费筹资形成基金，对因工作原因遭受事故伤害或者患职业病的职工及其近亲属给予相应待遇的一项社会保险制度。

（2）工伤保险的特点

工伤保险具有四个基本特点：一是强制性，工伤保险是由国家通过立法来强制执行的，在立法规定的范围内，用人单位必须参加工伤保险，为职工缴纳工伤保险费；二是非营利性，工伤保险既是国家对职工履行的社会责任，也是职工应该享有的基本权利，国家实行工伤保险制度，目的是保障职工安全健康，因此国家提供的所有与工伤保险有关的服务,均不以营利为目的;三是保障性,为工伤职工及其近亲属提供基本生活保障和医疗康复待遇;四是互助互济性,通过法定程序筹集工伤保险基金,实现不同群体、地域和行业间的风险共担和基本调剂。

法律提示

《工伤保险条例》于2003年4月27日经中华人民共和国国务院令第375号公布,自2004年1月1日起施行。2010年12月20日,国务院通过第586号令发布《国务院关于修改〈工伤保险条例〉的决定》,修订后的条例自2011年1月1日起正式施行。

现行《工伤保险条例》共8章67条,基本结构为:第一章总则,第二章工伤保险基金,第三章工伤认定,第四章劳动能力鉴定,第五章工伤保险待遇,第六章监督管理,第七章法律责任,第八章附则。

2. 工伤保险的重要意义与原则

（1）工伤保险的重要意义

《工伤保险条例》的立法宗旨是：为了保障因工作遭受事故伤害或者患职业病的职工获得医疗救治和经济补偿，促进工伤预防和职业康复，分散用人单位的工伤风险。这体现了国家设立工伤保险制度的重要意义。

（2）工伤保险的原则

1）强制性原则。工伤会给职工带来痛苦，给家庭带来不幸，也于用人单位乃至国家不利，因此国家通过立法，强制实施工伤保险制度，规定在覆盖范围内的用人单位必须依法参加工伤保险并履行缴费义务。

2）无过错补偿原则。工伤事故发生后，不管过错在谁，工伤职工均可获得补偿，以保障其及时获得医疗救治和基本生活保障。但这并不妨碍有关部门对事故责任人的追究，以防止类似事故重复发生。

3）职工个人不缴费原则。这是工伤保险与养老、医疗、失业等其他社会保险项目的区别之处。由于职业伤害是在工作过程中造成的，劳动力是生产的重要因素，职工为用人单位创造财富的同时付出了代价，所以理应由用人单位负担全部工伤保险费，职工个人不缴纳任何费用。

4）风险分担、互助互济原则。通过法律强制征收工伤保险费，建立工伤保险基金，采取互助互济的方法，分散风险，减轻部分企业、行业因工伤事故或职业病所产生的负担。

5）实行行业差别费率和浮动费率原则。为强化不同工伤风险类别的行业相对应的雇主责任,充分发挥缴费费率的经济杠杆作用,促进工伤预防,减少工伤事故,工伤保险实行行业差别费率,并根据用人单位工伤保险支缴率和工伤事故发生率等因素实行浮动费率。

6)预防与补偿、康复相结合原则。工伤预防、工伤补偿与工伤康复三者密切相连,构成了工伤保险制度的三个支柱。工伤预防是工伤保险制度的重要内容,工伤保险制度致力于采取各种措施,以减少和预防事故的发生。工伤事故发生后,及时对工伤职工予以医治并给予经济补偿,使工伤职工本人及其家庭生活得到一定的保障,是工伤保险制度的基本功能。同时,要及时对工伤职工进行医学康复和职业康复,使其尽可能恢复或部分恢复劳动能力,具备从事某种职业的能力,能够自食其力,以减少人力资源和社会资源的浪费。

7)一次性补偿与长期补偿相结合原则。对工伤职工或工亡职工的近亲属,工伤保险待遇实行一次性补偿与长期补偿相结合的办法。如对高伤残等级的职工、工亡职工的近亲属,在依法支付一次性补偿的同时,还按月支付长期补偿。这种一次性补偿与长期补偿相结合的办法,可以长期、有效地保障工伤职工及工亡职工近亲属的基本生活。

Tips 相关链接

《工伤保险条例》第二条规定:中华人民共和国境内的企业、事业单位、社会团体、民办非企业单位、基金会、律师事务所、会计师事务所等组织和有雇工的个体工商户(以下称用人单位)应当依照本条例规定参加工伤保险,为本单位全部职工或者雇工(以下称职工)缴纳工伤保险费。

中华人民共和国境内的企业、事业单位、社会团体、民办非企业单位、基金会、律师事务所、会计师事务所等组织的职工和个体工商户的雇工，均有依照本条例的规定享受工伤保险待遇的权利。

3. 我国工伤保险制度发展历程

（1）计划经济时期工伤补偿制度的建立和实施

1951年，中央人民政府政务院颁布了《中华人民共和国劳动保险条例》，这是我国第一部包括养老、因工负伤、工亡职工遗属补偿等保险项目在内的全国性统一法规，也是社会保障制度在我国实施的起点。该条例对劳动保险的实施范围，保险费的征集、管理和支付，保险的项目和标准以及保险业务的执行和监督都作出了明确规定。

劳动保险制度中的对因工负伤待遇的规定，结束了我国缺乏完整统一的工伤保障制度的历史，通过实行部分基金统筹的方式，为计划经济时期大规模的建设建立了工伤补偿制度，保障了这一时期工伤职工及其家属的基本生活,具有分散工伤风险、促进经济建设的积极意义。

(2)改革开放时期工伤保险制度的改革探索和实践

我国工伤保险制度改革始于20世纪80年代。1988年,劳动部主持制定了社会保险制度改革方案,选择了社会保险作为我国工伤保险的制度模式,初步形成了工伤保险制度改革框架,提出了工伤保险制度改革的主要内容。

在总结多年工伤保险改革试点经验和借鉴国外成熟做法的基础上,1996年8月12日,劳动部颁布了《企业职工工伤保险试行办法》,对工伤保险制度作了统一规定,对沿用至20世纪90年代初的企业自我保险的工伤保险制度进行了根本性改革。同时,国家技术监督局也在1996年3月发布了《职工工伤与职业病致残程度鉴定》(GB/T 16180—1996)。

(3)适应市场经济体制的工伤保险制度的形成

2003年,国务院颁布《工伤保险条例》,标志着适应我国社会主义市场经济体制的工伤保险制度正式形成。

《工伤保险条例》的颁布，在我国工伤保险制度建设进程中具有里程碑意义，标志着我国的工伤保险制度步入了法治化轨道，也预示着我国的工伤保险制度改革进入一个崭新的发展阶段，意味着适应我国社会主义市场经济体制的新型工伤保险制度已初步构建完成。同时，《工伤保险条例》的出台，使工伤保险成为我国社会保障体系的重要组成部分，对于进一步完善我国的社会保障体系，维护我国经济和社会的健康稳定发展，以及加快推进我国社会保障法治化建设，无疑起到了重要的推动作用。

4. 工伤保险基金与参保缴费

（1）工伤保险基金

稳定充足的工伤保险基金是工伤保险制度顺利实施的保障。《社会保险术语 第5部分：工伤保险》（GB/T 31596.5—2015）中将工伤保险基金定义为：按照法律规定，由用人单位缴纳的工伤保险费及其利息收入，以及其他依法纳入的资金汇集而成的，用于支付工伤保险待遇及其他相关支出的专项资金。

（2）工伤保险参保缴费

随着经济、社会的发展，世界各国已达成共识，认为职工在为用人单位创造财富、为社会作出贡献的同时，还冒着付出健康和生命的风险。因此，由用人单位缴纳工伤保险费是完全必要和合理的。

《工伤保险条例》第十条规定：用人单位应当按时缴纳工伤保险费。职工个人不缴纳工伤保险费。用人单位缴纳工伤保险费的数额为本单位职工工资总额乘以单位缴费费率之积。对难以按照工资总额缴纳工伤保险费的行业，其缴纳工伤保险费的具体方式，由国务院社会保险行政部门规定。

 相关链接

> 目前，世界各国实行的工伤保险制度大体分为两种类型：一种是社会保险类型，另一种是雇主责任类型。
>
> 实行社会保险类型工伤保险制度的国家约占实行工伤保险制度国家的2/3。工伤保险基金可以是一般社会保险基金的组成部分，也可以是单独的。在这些国家中，凡参加工伤保险的雇主，都必须向社会保险机构缴纳工伤保险费。
>
> 少数国家实行雇主责任类型工伤保险制度，体现为雇主责任制。雇主责任制有两种方式：一是工伤职工或其亲属直接向雇主索赔，二是雇主为其雇员的工伤风险购买商业保险。雇主责任制下，雇主承担全部的缴费甚至赔偿责任，职工个人不缴费。

5. 工伤认定

（1）各类工伤认定的情形

《工伤保险条例》第十四至十六条分别对应当认定为工伤的情形、视同工伤的情形和不得认定为工伤或者视同工伤的情形作出了明确规定。

1）职工有下列情形之一的，应当认定为工伤：

①在工作时间和工作场所内，因工作原因受到事故伤害的；

②工作时间前后在工作场所内，从事与工作有关的预备性或者收尾性工作受到事故伤害的；

③在工作时间和工作场所内，因履行工作职责受到暴力等意外伤害的；

④患职业病的；

⑤因工外出期间，由于工作原因受到伤害或者发生事故下落不明的；

⑥在上下班途中，受到非本人主要责任的交通事故或者城市轨道交通、客运轮渡、火车事故伤害的；

⑦法律、行政法规规定应当认定为工伤的其他情形。

2）职工有下列情形之一的，视同工伤：

①在工作时间和工作岗位，突发疾病死亡或者在48 h之内经抢救无效死亡的；

②在抢险救灾等维护国家利益、公共利益活动中受到伤害的；

③职工原在军队服役，因战、因公负伤致残，已取得革命伤残军人证，到用人单位后旧伤复发的。

职工有前款第①项、第②项情形的，按照《工伤保险条例》的有关规定享受工伤保险待遇；职工有前款第③项情形的，按照《工伤保险条例》的有关规定享受除一次性伤残补助金以外的工伤保险待遇。

3）职工符合前述规定，但是有下列情形之一的，不得认定为工伤或者视同工伤：

①故意犯罪的；

②醉酒或者吸毒的；

③自残或者自杀的。

（2）工伤认定的主要流程

申请工伤认定的流程可以总结为发生工伤、提出工伤认定申请、备齐申请材料、社会保险行政部门受理、作出工伤认定5个环节，具体如下：

1）发生工伤。职工发生事故伤害，或被诊断、鉴定为职业病。

2）提出工伤认定申请。职工所在单位应当自事故伤害发生之日或者职工被诊断、鉴定为职业病之日起30日内，向统筹地区社会保险行政部门提出工伤认定申请。

用人单位未按规定提出工伤认定申请的，工伤职工或者其近亲属、工会组织在事故伤害发生之日或者职工被诊断、鉴定为职业病之日起1年内，可以直接向用人单位所在地统筹地区社会保险行政部门提出工伤认定申请。

3）备齐申请材料。提出工伤认定申请应当提交下列材料：

①工伤认定申请表；

②与用人单位存在劳动关系（包括事实劳动关系）的证明材料；

③医疗诊断证明或者职业病诊断证明书（或者职业病诊断鉴定书）。

工伤认定申请表应当包括事故发生的时间、地点、原因以及职工伤害程度等基本情况。

4）社会保险行政部门受理。申请材料完整，属于社会保险行政部门管辖范围且在受理时效内的工伤认定申请，社会保险行政部门应当受理。申请材料不完整的，社会保险行政部门应当一次性书面告知工伤认定申请人需要补正的全部材料。

5）作出工伤认定。社会保险行政部门应当自受理工伤认定申请之日起60日内作出工伤认定的决定，并书面通知申请工伤认定的职工或者其近亲属和该职工所在单位。

案例解读

田某在某市铸造厂从事铸造工作。某日，车间主任派他到该厂另一车间拿工具。在返回工作岗位途中，田某被该厂建筑工地坠落的砖块砸伤头部，当即被送往医院救治，后被诊断为脑裂伤。出院后，田某向单位申请工伤保险待遇，但是单位认为他不是在本职岗位受伤，因此不能享受工伤保险待遇。田某遂向当地社会保险行政部门投诉，要求认定其为工伤。

当地社会保险行政部门经调查后认为：虽然田某的致伤地点不是本职岗位，但他是受领导（车间主任）指派离开本职岗位到另一车间拿工具的，故其受伤地点应属于工作场所。这一事故具有一般工伤事故应具备的"三工"要素，即在工作时间、工作地点、因工作原因而受伤。因此，当地社会保险行政部门认定田某为工伤，并依法要求单位按规定给予田某相应的工伤保险待遇。

6. 劳动能力鉴定

（1）劳动能力鉴定申请条件

劳动能力鉴定申请在法律与制度的严格规范下，有着明确且严谨的条件要求，旨在确保整个鉴定过程的科学性、公正性以及权威性，让每一位遭受工伤的职工都能获得与其身体损伤状况和劳动能力丧失程度相匹配的合理保障。

具体来说，工伤职工申请进行劳动能力鉴定应符合以下条件：一是经过治疗后，伤情处于相对稳定状态，这样便于劳动能力鉴定机构聘请的医疗专家对伤情进行鉴定；二是职工经治疗后，确认是因工伤原因造成身体上的残疾；三是工伤职工的残疾对以后的工作、生活将产生直接影响，并且伤残程度已经影响到职工本人的劳动能力。在这种情况下，对工伤职工应当进行劳动能力鉴定。

（2）劳动能力鉴定主体

工伤职工或者其用人单位应当及时向设区的市级劳动能力鉴定委员会提出劳动能力鉴定申请。

（3）劳动能力鉴定流程

申请劳动能力鉴定的主要流程可以总结为以下5个环节：

1）职工伤情基本稳定，进行劳动能力鉴定。职工发生工伤，经治疗伤情相对稳定后存在残疾、影响劳动能力的，或者停工留薪期满（含劳动能力鉴定委员会确认的延长期限）的，应依法进行劳动能力鉴定。劳动功能障碍分为十个伤残等级，最重的为一级，最轻的为十级。生活自理障碍分为三个等级，即生活完全不能自理、生活大部分不能自理和生活部分不能自理。

2）备齐材料，提出申请。申请劳动能力鉴定应当填写劳动能力鉴定申请表，并提交材料：有效的诊断证明，按照医疗机构病历管理有关规定复印或者复制的检查、检验报告等完整病历材料；工伤职工的居民身份证或者社会保障卡等其他有效身份证明原件。

3）接受申请，作出鉴定结论。劳动能力鉴定委员会应当自收到材料完整的劳动能力鉴定申请之日起60日内作出劳动能力鉴定结论。必要时，该期限可以延长30日。劳动能力鉴定结论应当及时送达申请鉴定的单位和个人。

4）对鉴定结论不服的，可申请再次鉴定。申请鉴定的单位或个人对初次鉴定结论不服的，可以在收到鉴定结论之日起15日内，向省、自治区、直辖市劳动能力鉴定委员会申请再次鉴定。省、自治区、直辖市劳动能力鉴定委员会作出的劳动能力鉴定结论为最终结论。

5）若伤残情况发生变化，可申请劳动能力复查鉴定。自工伤职工劳动能力鉴定结论作出之日起1年后，工伤职工、用人单位或者社会保险经办机构认为伤残情况发生变化的，可以向设区的市级劳动能力鉴定委员会申请劳动能力复查鉴定。对复查鉴定结论不服的，可以按照上述规定申请再次鉴定。

7. 工伤保险待遇

（1）工伤保险待遇享受条件

《中华人民共和国社会保险法》第三十六条规定：职工因工作原因受到事故伤害或者患职业病，且经工伤认定的，享受工伤保险待遇；其中，经劳动能力鉴定丧失劳动能力的，享受伤残待遇。

（2）工伤保险待遇主要类型

《工伤保险条例》中规定的工伤保险待遇主要有以下4种类型：

1）工伤医疗及康复待遇。包括工伤医疗及相关补助待遇、工伤康复待遇、辅助器具的安装配置待遇等。

2）停工留薪期待遇。职工因工作遭受事故伤害或者患职业病需要暂停工作接受工伤医疗的，在停工留薪期内，原工资福利待遇不变，由所在单位按月支付。停工留薪期一般不超过12个月。伤情严重或者情况特殊，经设区的市级劳动能力鉴定委员会确认，可以适当延长，但延长不得超过12个月。生活不能自理的工伤职工在停工留薪期需要护理的，由所在单位负责。

3）伤残待遇。根据工伤发生后劳动能力鉴定确定的劳动功能障碍程度和生活自理障碍程度的等级不同，工伤职工可享受相应的一次性伤残补助金、伤残津贴、一次性工伤医疗补助金、一次性伤残就业补助金及生活护理费等。

4）工亡待遇。职工因工死亡，其近亲属按照规定从工伤保险基金领取丧葬补助金、供养亲属抚恤金和一次性工亡补助金。

（3）停止享受工伤保险待遇的情形

1）丧失享受待遇条件的。如果工伤职工在享受工伤保险待遇期间情况发生了变化，不再具备享受工伤保险待遇的条件，如劳动能力得以完全恢复而无须工伤保险制度提供保障时，应当停发工伤保险待遇。

2）拒不接受劳动能力鉴定的。如果工伤职工没有正当理由拒不接受劳动能力鉴定，一方面工伤保险待遇无法确定，另一方面也表明工伤职工并不愿意接受工伤保险制度提供的帮助，故不应当再享受工伤保险待遇。

3）拒绝治疗的。职工遭受事故伤害或患职业病后，有享受工伤医疗待遇的权利，也有积极配合医疗救治的义务。如果无正当理由拒绝治疗，一味消极地依靠社会救助，则有悖于这一义务，不得再继续享受工伤保险待遇。

8. 工伤预防的概念与作用

（1）工伤预防的概念

工伤预防是指为避免与降低工伤风险而采取的宣传和培训等手段和措施。其中，工伤风险是指在工作过程中工伤发生的概率和造成危害的程度。

工伤预防的目的是从源头上减少和避免工伤事故和职业病的发生，实现最大限度地减少工伤的最终目标。因此，在工伤保险工作中，应将工伤预防放在首位。

（2）工伤预防的地位和作用

工伤预防是预防、补偿、康复"三位一体"工伤保险制度体系的重要内容。《工伤保险条例》把工伤预防定为工伤保险三大任务之一，从而逐步改变了过去重补偿、轻预防的模式。生命安全和身体健康是职工的最大利益，用人单位和职工要共同做好工伤预防工作，坚持"安全第一、预防为主、综合治理"的安全生产工作方针。

工伤预防的作用主要表现在以下两方面：

1）工伤预防可以从源头上降低工伤事故和职业病的发生概率，保障职工的安全健康。预防的要义在于"事先防范"，防未发生的事故，防"未病之病"，防患于未然。用人单位要进行生产活动，就存在发生事故伤害和职业病的可能。有关研究表明，现有的工伤事故80%以上是可以通过安全生产管理与技术等手段避免的，说明了工伤预防工作的迫切性和重要性。

2）工伤预防工作从根本上有利于用人单位发展，促进社会和谐稳定。随着工伤保险制度的不断完善，工伤预防工作将得到逐步加强。一方面，通过工伤预防，可以提升用人单位安全生产管理水平，消除事故隐患，从而减少和避免事故的发生。这既能有效保障职工的生命安全与身体健康，也能降低事故给用人单位带来的经济损失，确保用人单位生产经营活动的顺利进行，进而推动用人单位的良性发展，为经济社会的发展贡献力量。另一方面，工伤事故的减少，将大幅度降低由此引发的劳资争议，有利于建立和谐的劳动关系，进而促进社会和谐稳定。

 相关链接

在我国，工伤预防与安全生产关系密切，存在互相促进的辩证关系。工伤预防在促进安全生产、保护职工的安全健康方面有着十分重要的意义和作用；反过来，安全生产对工伤预防也有十分重要的促进作用。

9. 职工工伤保险和工伤预防的权利和义务

（1）职工工伤保险和工伤预防的权利

职工工伤保险和工伤预防的权利主要体现在以下方面：

1）有权获得劳动安全卫生教育和培训，了解所从事的工作可能对身体健康造成的危害和可能发生的安全事故。

2）有权获得保障自身安全、健康的劳动条件和个人防护用品。

3）有权对用人单位管理人员违章指挥、强令冒险作业予以拒绝。

4）有权对危害生命安全和身体健康的行为提出批评、检举和控告。

5）从事职业危害作业的，有权获得定期健康检查。

6）发生工伤时，有权得到抢救治疗。

7）发生工伤后，有权申请工伤认定和享受工伤保险待遇。

8）有权申请劳动能力鉴定和再次鉴定，认为伤残情况发生变化的，有权申请劳动能力复查鉴定。

9）因工致残尚有工作能力的，有权在就业方面得到特殊保护，得到职业康复培训和再就业帮助。依照法律规定，用人单位对因工致残的职工不得解除劳动合同，并应根据不同情况安排适当工作。

10）与用人单位发生工伤保险待遇方面争议的，有权按照处理劳动争议的有关规定处理；对工伤认定结论不服或对经办机构核定的工伤保险待遇持有异议的，可以依法申请行政复议，也可以依法向人民法院提起行政诉讼。

（2）职工工伤保险和工伤预防的义务

权利与义务是对等的，有相应的权利，就有相应的义务。职工工伤保险和工伤预防的义务主要体现在以下方面：

1）有义务遵守劳动纪律和用人单位的规章制度，做好本职工作和被临时指派的工作，服从本单位负责人的工作安排和指挥。

2）在劳动过程中必须严格遵守安全操作规程，正确使用个人防护用品，依法接受劳动安全卫生教育和培训，配合用人单位积极预防工伤事故和职业病的发生。

3）申请工伤认定、劳动能力鉴定时，有义务如实反映发生的工伤事故和职业病的有关情况及工资收入、家庭等有关情况；当有关部门调查取证时，应当给予配合。

4）除紧急情况外，工伤职工应当到签订工伤保险服务协议的医疗机构进行治疗，对于治疗、劳动能力鉴定、康复要接受有关机构的安排，并给予配合。

10. 工伤预防管理模式

目前，世界上工伤预防体制主要可以分为3类：第一类为独立型，即工伤保险机构自身单独管理和核算，从而使工伤预防体制相对独立。这种体制以意大利和德国为代表，在世界上为数不少。第二类为混合型，即由几个部门联合管理工伤预防，如英国和大多中欧、东欧国家，一般有两个相互独立的政府部门，一个主管职业安全，另一个主管职业卫生。第三类为附属型，即工伤预防职能归属于国家的某个部委，该部委主要是分管劳动和卫生的，如日本、芬兰、荷兰和挪威等国。

目前我国的工伤预防管理模式主要有以下 3 个方面：

（1）扩大工伤保险覆盖面

工伤保险作为一种"保险"，大数法则是其一个十分重要的原则，即必须有较大的人群参加保险才能共同应对风险，较好地开展工伤预防等工作。

（2）费率机制预防措施

费率机制预防措施是指在筹集工伤保险基金的过程中，采取工伤保险行业差别费率和浮动费率机制，根据用人单位的工伤风险和工伤事故发生情况，调整用人单位的缴费费率，即对安全生产状况差、使用工伤保险基金多的用人单位提高缴费比例，对安全生产情况好、使用工伤保险基金少的用人单位降低缴费比例。这实质上是对两种不同情况用人单位的奖惩措施，可以引导用人单位做好工伤预防，利用经济杠杆作用激励和督促用人单位加强安全生产管理和工伤预防工作。

（3）其他综合性预防措施

其他综合性预防措施主要指从工伤保险基金中提取一定比例的工伤预防费，做好工伤预防宣传与培训工作，提高用人单位和职工的工伤预防意识和能力，减少事故伤害和职业病的发生。

第 2 章 职业卫生基本知识

11. 职业卫生与职业病基本概念

（1）职业卫生的定义

"职业卫生"，曾又被称为"劳动卫生""工业卫生""职业健康"等，全国科技名词审定委员会于 2020 年公布的专业规范名词为"职业卫生"。国家标准《职业安全卫生术语》（GB/T 15236—2008）将"职业卫生"定义为：以职工的健康在职业活动过程中免受有害因素侵害为目的的工作领域及在法律、技术、设备、组织制度和教育等方面所采取的相应措施。

（2）职业卫生的作用

职业卫生主要研究劳动条件对劳动者健康的影响，目的是创造符合人体生理要求的作业条件，研究如何使工作适合个人，又使个人适应自己的工作，使劳动者在身体、精神、心理和社会福利等方面处于最佳状态。

（3）职业病的定义

当职业病危害因素作用于人体的强度与时间超过一定的限度时，人体不能代偿其所造成的功能性或器质性病理改变，从而出现相应的临床症状，影响劳动能力，这类疾病通称为职业病。一般被认定为职业病，应具备三个条件：一是该疾病应与工作场所的职业病危害因素密切相关；二是所接触的职业病危害因素的剂量（浓度或强度）无论过去或现在，都足可导致疾病的发生；三是必须区别职业性与非职业性病因所起的作用，而前者的可能性必须大于后者。

《中华人民共和国职业病防治法》（以下简称《职业病防治法》）规定，职业病是指企业、事业单位和个体经济组织等用人单位的劳动者在职业活动中，因接触粉尘、放射性物质和其他有毒、有害因素而引起的疾病。

相关链接

医学上所称的"工作相关疾病"是指与多因素相关的疾病。全国科技名词审定委员会于2020年公布的"工作相关疾病"定义为:"与多因素相关的疾病。在职业活动中,由于职业性有害因素等多种因素的作用,劳动者罹患某种疾病、潜在疾病显露或原有疾病加重。""工作相关疾病"不是职业病,在立法的意义上,职业病具有一定的范围,即凡由国家政府主管部门明文规定(《职业病分类和目录》)的职业病,方可称为职业病,也就是法定职业病。

法律提示

与《职业病防治法》相配套的规章有:《职业病分类和目录》《国家职业卫生标准管理办法》《职业病危害项目申报办法》《职业健康检查管理办法》《职业病诊断与鉴定管理办法》。

12. 职业病分类和目录

(1)职业性尘肺病及其他呼吸系统疾病

1)尘肺病。包括矽肺、煤工尘肺、石墨尘肺、碳黑尘肺、石棉肺、滑石尘肺、水泥尘肺、云母尘肺、陶工尘肺、铝尘肺、电焊工尘肺、铸工尘肺,以及根据《尘肺病诊断标准》和《尘肺病理诊断标准》可以诊断的其他尘肺病。

2）其他呼吸系统疾病。包括过敏性肺炎、棉尘病、哮喘、金属及其化合物粉尘肺沉着病（锡、铁、锑、钡及其化合物等）、刺激性化学物所致慢性阻塞性肺疾病、硬金属肺病。

（2）职业性皮肤病

职业性皮肤病包括接触性皮炎、光接触性皮炎、电光性皮炎、黑变病、痤疮、溃疡、化学性皮肤灼伤、白斑，以及根据《职业性皮肤病的诊断总则》可以诊断的其他职业性皮肤病。

（3）职业性眼病

职业性眼病包括化学性眼部灼伤、电光性眼炎、白内障（含三硝基甲苯白内障）。

（4）职业性耳鼻喉口腔疾病

职业性耳鼻喉口腔疾病包括噪声聋、铬鼻病、牙酸蚀病、爆震聋。

（5）职业性化学中毒

职业性化学中毒包括铅及其化合物中毒（不包括四乙基铅）、汞及其化合物中毒，锰及其化合物中毒，镉及其化合物中毒，铍病，铊及其化合物中毒，钡及其化合物中毒，钒及其化合物中毒，磷及其化合物中毒，砷及其化合物中毒，砷化氢中毒，氯气中毒，二氧化硫中毒，光气中毒，氨中毒，偏二甲基肼中毒，氮氧化合物中毒，一氧化碳中毒，二硫化碳中毒，硫化氢中毒，磷化氢、磷化锌、磷化铝中毒，氟及其无机化合物中毒，氰及腈类化合物中毒，四乙基铅中毒，有机锡中毒，羰基镍中毒，苯中毒，甲苯中毒，二甲苯中毒，正己烷中毒，汽油中毒，一甲胺中毒，有机氟聚合物单体及其热裂解物中毒，二氯乙烷中毒，四氯化碳中毒，氯乙烯中毒，三氯乙烯中毒，氯丙烯中毒，氯丁二烯中毒，苯的氨基及硝基化合物（不包括三硝基甲苯）中毒，三硝基甲苯中毒，甲醇中毒，酚中毒，五氯酚（钠）中毒，甲醛中毒，硫酸二甲酯中毒，丙烯酰胺中毒，二甲基甲酰胺中毒，有机磷中毒，氨基甲酸酯类中毒，杀虫脒中毒，溴甲烷中毒，拟除虫菊酯类中毒，铟及其化合物中毒，溴丙烷中毒，碘甲烷中毒，氯乙酸中毒，环氧乙烷中毒，以及上述条目未提及的与职业有害因素接触之间存在直接因果联系的其他化学中毒。

（6）物理因素所致职业病

物理因素所致职业病包括中暑、减压病、高原病、航空病、手臂振动病、激光所致眼（角膜、晶状体、视网膜）损伤、冻伤。

（7）职业性放射性疾病

职业性放射性疾病包括外照射急性放射病、外照射亚急性放射病、外照射慢性放射病、内照射放射病、放射性皮肤疾病、放射性肿瘤（含矿工高氡暴露所致肺癌）、放射性骨损伤、放射性甲状腺疾病、放射性性腺疾病、放射复合伤、放射性白内障、铀及其化合物中毒，以及根据《职业性放射性疾病诊断标准（总则）》可以诊断的其他放射性损伤。

（8）职业性传染病

职业性传染病包括炭疽、森林脑炎、布鲁氏菌病、艾滋病（限于医疗卫生人员及人民警察）、莱姆病。

（9）职业性肿瘤

职业性肿瘤包括石棉所致肺癌、间皮瘤，联苯胺所致膀胱癌，苯所致白血病，氯甲醚、双氯甲醚所致肺癌，砷及其化合物所致肺癌、皮肤癌，氯乙烯所致肝血管肉瘤，焦炉逸散物所致肺癌，六价铬化合物所致肺癌，毛沸石所致肺癌、胸膜间皮瘤，煤焦油、煤焦油沥青、石油沥青所致皮肤癌，β-萘胺所致膀胱癌。

（10）职业性肌肉骨骼疾病

职业性肌肉骨骼疾病包括腕管综合征（限于长时间腕部重复作业或用力作业的制造业工人）、滑囊炎（限于井下工人）。

（11）职业性精神和行为障碍

职业性精神和行为障碍包括创伤后应激障碍（限于参与突发事件处置的人民警察、医疗卫生人员、消防救援等应急救援人员）。

（12）其他职业病

其他职业病包括金属烟热，股静脉血栓综合征、股动脉闭塞症或淋巴管闭塞症（限于刮研作业人员）。

 法律提示

2024年12月11日，国家卫生健康委、人力资源社会保障部、国家疾控局、全国总工会联合印发了《职业病分类和目录》，自

2025年8月1日起实施。2013年12月23日国家卫生计生委、人力资源社会保障部、安全监管总局、全国总工会联合印发的《职业病分类和目录》同时废止。

13. 职业健康监护

（1）职业健康监护的概念

职业健康监护属于职业病二级预防范畴。根据《职业健康监护技术规范》（GBZ 188—2014），职业健康监护是指以预防为目的，根据劳动者的职业接触史，通过定期或不定期的医学健康检查和健康相关资料的收集，连续性地监测劳动者的健康状况，分析劳动者健康变化与所接触的职业病危害因素的关系，并及时地将健康检查和资料分析结果报告给用人单位和劳动者本人，以便及时采取干预措施，保护劳动者健康。职业健康监护主要包括职业健康检查、离岗后健康检查、应急健康检查和职业健康监护档案管理等内容。

（2）职业健康监护的目的

1）早期发现职业病、职业健康损害和职业禁忌证；

2）跟踪观察职业病及职业健康损害的发生、发展规律及分布情况；

3）评价职业健康损害与作业环境中职业病危害因素的关系及危害程度；

4）识别新的职业病危害因素和高危人群；

5）进行目标干预，包括改善作业环境条件、改革生产工艺、采

用有效的防护设施和个人防护用品,对职业病患者及疑似职业病和有职业禁忌证人员的处理与安置等;

6)评价预防和干预措施的效果;

7)为制定或修订卫生政策和职业病防治对策服务。

(3)职业健康检查的种类

职业健康检查分为上岗前职业健康检查、在岗期间职业健康检查和离岗时职业健康检查。

1)上岗前职业健康检查。上岗前健康检查的主要目的是发现有无职业禁忌证,建立接触职业病危害因素人员的基础健康档案。上岗前健康检查均为强制性职业健康检查,应在开始从事有害作业前完成。下列人员应进行上岗前健康检查:

①拟从事接触职业病危害因素作业的新录用人员,包括转岗到该种作业岗位的人员;

②拟从事有特殊健康要求作业的人员,如高处作业、电工作业、职业机动车驾驶作业等。

2)在岗期间职业健康检查。长期从事规定的需要开展健康监护的职业病危害因素作业的劳动者,应进行在岗期间的定期健康检查。定期健康检查的目的主要是早期发现职业病病人或疑似职业病病人或劳动者的其他健康异常改变;及时发现有职业禁忌证的劳动者;通过动态观察劳动者群体健康变化,评价工作场所职业病危害因素的控制效果。定期健康检查的周期应根据不同职业病危害因素的性质、工作场所有害因素的浓度或强度、目标疾病的潜伏期和防护措施等因素决定。

3)离岗时职业健康检查。劳动者在准备调离或脱离所从事的职业病危害作业或岗位前，应进行离岗时健康检查，主要目的是确定其在停止接触职业病危害因素时的健康状况。如最后一次在岗期间的健康检查是在离岗前的 90 日内，可视为离岗时检查。

（4）离岗后健康检查

下列情况劳动者需进行离岗后的健康检查：

1）劳动者接触的职业病危害因素具有慢性健康影响，所致职业病或职业肿瘤常有较长的潜伏期，故脱离接触后仍有可能发生职业病；

2）离岗后健康检查时间的长短根据有害因素致病的流行病学及临床特点、劳动者从事该作业的时间长短、工作场所有害因素的浓度等因素综合考虑确定。

（5）应急健康检查

1）当发生急性职业病危害事故时，根据事故处理的要求，对遭受或者可能遭受急性职业病危害的劳动者，应及时组织健康检查。依据检查结果和现场劳动卫生学调查，确定危害因素，为急救和治疗提供依据，控制职业病危害的继续蔓延和发展。应急健康检查应在事故发生后立即开始。

2）从事可能产生职业性传染病作业的劳动者，在疫情流行期或近期密切接触传染源者，应及时开展应急健康检查，随时监测疫情动态。

 相关链接

职业病三级预防

职业病一级预防又称病因预防，是指从根本上消除或控制职业病危害因素对人的作用和损害，包括改进生产工艺和生产设备，合理利用防护设施及个人防护用品等，以减少或消除劳动者接触职业病危害因素的机会。

职业病二级预防是早期检测和诊断人体受到职业病危害因素所致的健康损害并予以早期治疗、干预。其主要手段是定期进行职业病危害因素的识别与检测，对劳动者进行定期职业健康检查，加强新型生物监测指标的应用以及推进职业病的诊断和鉴定等，以早期发现和诊断职业病，做到及时预防、处理。

职业病三级预防是指在患病以后，积极进行治疗，采取促进康复的措施，包括将已有健康损害的劳动者调离原有工作岗位，并进行合理的治疗；对生产环境和工艺过程进行改进；促进患者康复，预防并发症的发生和发展。

职业病的"三级预防"

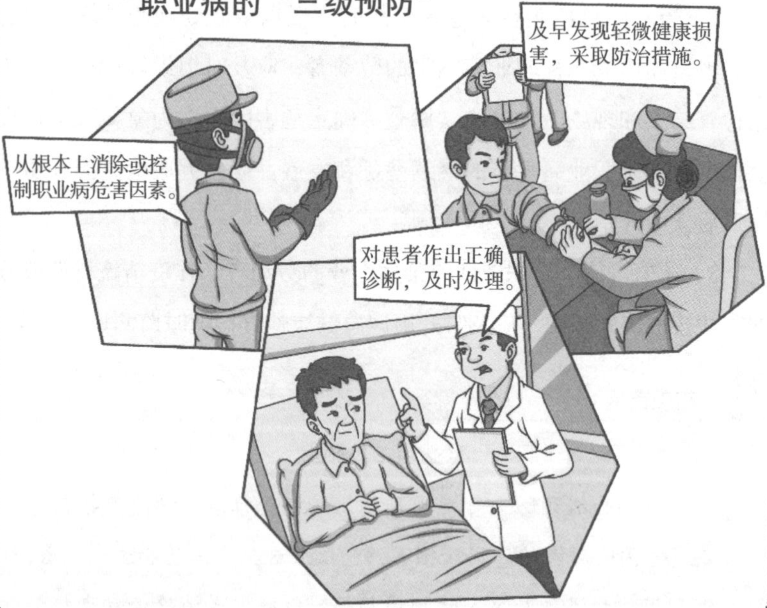

及早发现轻微健康损害，采取防治措施。

从根本上消除或控制职业病危害因素。

对患者作出正确诊断，及时处理。

14. 职业卫生监督制度

国家实行职业卫生监督制度。

国务院卫生行政部门、劳动保障行政部门依照《职业病防治法》和国务院确定的职责，负责全国职业病防治的监督管理工作。国务院有关部门在各自的职责范围内负责职业病防治的有关监督管理工作。

县级以上地方人民政府卫生行政部门、劳动保障行政部门依据各自职责，负责本行政区域内职业病防治的监督管理工作。县级以上地方人民政府有关部门在各自的职责范围内负责职业病防治的有关监督管理工作。

县级以上人民政府卫生行政部门、劳动保障行政部门应当加强沟通，密切配合，按照各自职责分工，依法行使职权，承担责任。

15. 各行业工伤预防工作应重点关注的职业病危害因素

（1）化工行业的职业病危害因素

化工行业的职业病危害主要表现为各种化学毒物导致的职业性中毒。其中，刺激性毒物常引起呼吸系统损害，严重时可使人发生肺水肿；氰化物、砷、硫化氢、一氧化碳、醋酸胺、有机氟等易引起中毒性休克；砷、锑、钡、有机汞、三氯乙烷、四氯化碳等易引起中毒性心肌炎；黄磷、四氯化碳、三硝基甲苯、三硝基氯苯等可引起肝损伤；重金属盐可造成中毒性肾损伤；窒息性气体、刺激性气体以及亲神经性毒物均可引起中毒性脑水肿；苯的慢性中毒主要损害血液系统，表现为白细胞、血小板减少及贫血，严重时会出现再生障碍性贫血；汞、铅、锰等可引起严重的中枢神经系统损害。橡胶行业、石油行业、印染行业、油漆涂料行业还多发职业性肿瘤。

（2）矿山行业的职业病危害因素

1）生产性粉尘。生产性粉尘是矿山行业主要的有害因素，矿山开采过程可产生大量的含硅量较高的粉尘，易导致矿工患尘肺病。

2）有害气体。矿工在矿山开采过程中可能会接触瓦斯、一氧化碳、二氧化碳、氮氧化物、硫化氢等有害气体，这些有害气体浓度过高时可使人中毒、窒息，甚至死亡。

3）不良气象条件。矿山井下气象条件的特点是气温高、湿度大、温差大。因此，矿工易患感冒、上呼吸道炎症及风湿性疾病。

4）其他有害因素。由风动工具、皮带运输机发出的噪声和振动，可引起职业性噪声聋和振动病；矿山开采中的片帮冒顶以及由运输机等机械造成的事故常导致矿工受外伤。

（3）冶金行业的职业病危害因素

1）高温和强辐射热。在冶金生产中，烧结、炼焦、炼铁、炼钢、轧钢等环节都属于高温作业，因此较易导致中暑。灼热物体辐射出的大量红外线易引起职业性白内障。

2）粉尘。在冶金生产中，从井下开采、运输、破碎到选矿、混料、烧结等环节都有很高浓度的粉尘，长期接触会导致尘肺病，多为矽肺。

3）一氧化碳。冶金生产常用的煤气中一氧化碳含量在30%左右，故在接触煤气的岗位，如不注意防护，就可能发生一氧化碳中毒。

4）其他。空压机、风机、轧钢机等发出的强噪声，易引起职业性噪声聋；火焰、钢水、钢渣、钢锭等极易造成烧灼伤；接触高温辐射的劳动者易发生热激红斑、色素沉着、毛囊炎及皮肤化脓等疾患；高温使肠道活动出现抑制反应，导致劳动者易患胃肠道疾病，高血压的发病率也比一般人高。

(4）机械制造行业的职业病危害因素

1）生产性粉尘。型砂配制、制型、落砂、清砂等过程都会使粉尘飞扬，特别是用喷砂工艺修整铸件时，粉尘浓度很高，所用的石英危害较大。在机械加工过程中，对金属零件的磨光与抛光可产生金属和矿物性粉尘。电焊时焊剂、焊条芯及被焊接的材料在高温下蒸发，产生大量的电焊粉尘和有害气体，长期吸入较高浓度的电焊粉尘可引起电焊工尘肺。

2）高温、辐射热。机械制造行业的高温和辐射热主要产生在铸造、锻造和热处理等过程中。铸造车间的熔炉、干燥炉、熔化的金属、热铸件，锻造及热处理车间的加热炉和炽热设备的金属部件等都会产生强烈的热辐射，形成高温环境，严重时会引发中暑。

3）有害气体。熔炼炉和加热炉均可产生一氧化碳和二氧化碳，尤其在加料口处浓度较高；酚醛树脂等黏合剂会产生甲醛和氨；黄铜熔炼时产生的氧化锌烟会引起铸造热；热处理时可产生有机溶剂（如苯、甲苯、甲醇等）蒸气；电镀时可产生铬酸雾、镍酸雾、硫酸雾及氰化氢；电焊时可产生一氧化碳和氮氧化物；喷漆时可产生苯蒸气、甲苯蒸气及二甲苯蒸气。

4）噪声、振动和紫外线。机械制造过程中，使用砂型捣固机、风动工具、锻锤、砂轮磨光机、铆钉等，均可产生强烈的噪声；电焊、气焊、氩弧焊及等离子弧焊焊接时产生的紫外线，可引起电光性眼炎。

16. 工作场所有害因素职业接触限值

职业接触限值是指劳动者在职业活动过程中长期反复接触某种或多种职业性有害因素，不会引起绝大多数接触者不良健康效应的容许接触水平。化学有害因素的职业接触限值可分为时间加权平均容许浓度、短时间接触容许浓度和最高容许浓度三类。

（1）时间加权平均容许浓度

时间加权平均容许浓度是指以时间为权数规定的 8 h 工作日、40 h 工作周的平均容许接触浓度。

（2）短时间接触容许浓度

短时间接触容许浓度是指在实际测得的 8 h 工作日、40 h 工作周平均接触浓度遵守时间加权平均容许浓度的前提下，容许劳动者短时间（15 min）接触的加权平均浓度。

（3）最高容许浓度

最高容许浓度是指在一个工作日内任何时间，工作地点的化学有害因素均不应超过的浓度。

其中，工作场所是指劳动者进行职业活动的全部工作地点，工作地点是指劳动者从事职业活动或进行生产管理过程时经常或定时停留的地点。

 相关链接

正确的作业场所环境监测方法

(1) 物理因素监测

如噪声强度可以用噪声剂量计连续测定，热辐射强度可用单向辐射热计和黑球温度计测定。

(2) 化学毒物监测

化学毒物监测分为区域采样和个体采样两种方式。

(3) 生物学监测

生物学监测分直接测试、间接测试等。

(4）生产性粉尘监测

目前，我国生产性粉尘卫生标准有时间加权平均容许浓度、总粉尘浓度和呼吸性粉尘容许浓度等限值，同时还要对粉尘中游离二氧化硅的含量进行测定。

17. 职业危害的评价与控制

（1）职业危害的评价

开展职业危害的评价工作，应从环境测定、气溶胶科学、统计学以及各种环境物质作用于人体的类型和方式（如侵入途径、蓄积作用等）、劳动生理学和生物学监测等多方面入手，需要多方面不同程度的知识和综合分析能力，是一项专业性很强的工作。

职业危害的评价主要包括接触评价和危害评价两个方面：接触评价主要是通过测定劳动者目前工作中接触的职业病危害因素强度、接触频率以及接触时间，并与相关职业卫生标准进行比较，来判断职业危害程度；危害评价主要是解决职业病危害因素对劳动者现在和将来健康的影响以及对后代的影响等问题。

（2）职业危害的控制

职业危害的控制是职业卫生工作的根本目的，旨在通过采取一系列措施，消除或减少工作环境中的职业病危害因素，防止职业危害的发生及其对劳动者健康造成影响。控制职业危害的措施一般包括以下3个方面：

1）工程措施。工程措施是指通过采取工程技术手段（如密闭、通风、冷却、隔离等),从源头上消除或减少职业病危害因素的产生和扩散,从而达到控制职业危害的目的。

2)管理措施。通过加强职业卫生管理,如改变劳动者在接触职业病危害因素的场所工作的时间、方式,减少劳动者与职业病危害因素的接触。

3)个人防护措施。在工程措施和管理措施无法完全消除职业病危害因素的情况下,应针对不同类型的职业病危害因素,为劳动者提供适当的个人防护用品,降低其接触的职业病危害因素的强度。

相关链接

职业病危害因素的常用识别方法

（1）经验法

根据以往的工作经验和原有的资料积累，识别出作业环境中的职业病危害因素。

（2）类比法

参考工艺、生产设备等条件相同或相近的用人单位存在的职业病危害因素来识别自身工作场所的职业病危害因素。

（3）工艺过程等综合分析法

通过对整个工艺过程和操作条件，以及工艺过程中使用的原材料和产生的中间产品、最终产品、副产品等物质的性质进行认真分析，找出整个工艺过程中产生的职业病危害因素。

18. 劳动者的职业卫生保护权利

（1）获得职业卫生教育、培训的权利。

（2）获得职业健康检查，职业病诊疗、康复等职业病防治服务的权利。

（3）了解工作场所产生或者可能产生的职业病危害因素、危害后果和应当采取的职业危害防护措施的权利。

（4）要求用人单位提供符合防治职业病要求的职业病防护设施和个人使用的职业病防护用品，改善工作条件的权利。

（5）对违反职业病危害防治法律、法规以及危及生命健康的行为提出批评、检举和控告的权利。

（6）拒绝违章指挥和强令进行没有职业病防护措施的作业的权利。

（7）参与用人单位职业卫生工作的民主管理，对职业病防治工作提出意见和建议的权利。

 法律提示

> 《职业病防治法》规定：劳动者依法享有职业卫生保护的权利。
>
> 用人单位应当为劳动者创造符合国家职业卫生标准和卫生要求的工作环境和条件，并采取措施保障劳动者获得职业卫生保护。
>
> 工会组织依法对职业病防治工作进行监督，维护劳动者的合法权益。用人单位制定或者修改有关职业病防治的规章制度，应当听取工会组织的意见。

第3章 职业病危害因素及其防护

19. 职业病危害因素的定义及其分类

（1）职业病危害因素的定义

职业病危害因素是指在职业活动中产生和（或）存在于工作场所中，可能对职业人群健康、安全和作业能力造成不良影响的因素或条件。

（2）职业病危害因素主要来源

1）生产过程。职业病危害因素随着生产技术、机器设备、使用材料和工艺流程的变化而变化。

2）劳动过程。职业病危害因素与生产过程中的劳动组织情况、生产设备布局、生产制度、劳动者体位以及设备智能化的程度有关。

3）工作环境。主要是工作场所的环境，如室外作业时的不良气象条件，室内作业时厂房狭小、车间位置不合理、照明不良与通风不畅等因素都会对劳动者产生影响。

（3）职业病危害因素分类

2015年，国家卫生计生委、安全监管总局、人力资源社会保障部和全国总工会联合印发的《职业病危害因素分类目录》将职业病危害因素分为六大类，包括：粉尘类52种、化学因素类375种、物理因素类15种、放射性因素类8种、生物因素类6种、其他因素类3种。

20. 生产性粉尘

（1）生产性粉尘的定义及分类

生产性粉尘指在生产过程中形成的并能够较长时间飘浮在空气中的固体微粒。按其性质一般分为以下3类：

1）无机粉尘。包括矿物性粉尘，如矽尘、煤尘等；金属性粉尘，如锡尘、铝尘、铅尘等；人工无机粉尘，如水泥粉尘、玻璃纤维粉尘等。

2）有机粉尘。包括动物性粉尘，如皮毛粉尘、丝尘、骨质粉尘等；植物性粉尘，如植物纤维尘、谷物粉尘、茶叶粉尘等；人工有机粉尘，如合成树脂粉尘、合成纤维粉尘等。

3）混合性粉尘。混合性粉尘是上述各类粉尘两种或两种以上混合形成的，在生产中这种粉尘最为多见。

（2）易接触粉尘的工种

在不同的生产场所会接触不同性质的粉尘。

1）采矿、建筑施工、铸造及陶瓷等行业，主要接触的粉尘是以石英成分为主的混合性粉尘。

2）石棉开采、加工制造石棉制品时接触的是石棉粉尘或含石棉的混合性粉尘。

3）金属加工、冶炼时接触的是金属及其化合物粉尘。

4）粮食加工、制糖、动物管理及纺织等行业，以接触植物或动物性有机粉尘为主。

（3）生产性粉尘的危害

粉尘对人体的危害程度与其理化性质、生物学作用及防尘措施等有密切关系。粉尘理化性质包括粉尘的化学成分、分散度、溶解度、密度、形状、硬度、荷电性和爆炸性等。

粉尘对人体健康的危害主要包括以下4个方面：

1）可溶性有毒粉尘进入呼吸道后，能很快被吸收进入血液，引起中毒。

2）放射性粉尘可造成放射性损伤；某些硬质粉尘可损伤角膜及结膜，引起角膜混浊和结膜炎等。

3）粉尘堵塞皮脂腺和对皮肤产生机械性刺激时，可引起粉刺、毛囊炎、脓皮病及皮肤皲裂等。

4）粉尘进入外耳道混在皮脂中，可形成耳垢等。

粉尘对人体最大的危害是对呼吸系统的损害，包括上呼吸道炎症、肺炎（如锰尘）、肺肉芽肿（如铍尘）、肺癌（如石棉尘、砷尘）、尘肺（如二氧化硅尘）以及其他职业性肺部疾病等。

相关链接

粉尘根据在呼吸道沉积部位不同的分类

（1）非吸入性粉尘

一般认为，直径大于 15 μm 的粉尘颗粒被吸入呼吸道的机会非常少,所以称为非吸入性粉尘。

(2) 可吸入性粉尘

直径小于 15 μm 的粉尘颗粒可被吸入呼吸道进入肺部,因此称为可吸入性粉尘或者胸腔性粉尘。

(3) 呼吸性粉尘

直径小于 5 μm 的粉尘颗粒可达呼吸道深处和肺泡区,并沉积在呼吸性细支气管和肺泡上,称为呼吸性粉尘。

21. 粉尘的危害防护与治理

(1) 粉尘危害的防护原则

粉尘环境作业的劳动防护应采取三级防护原则。

1) 一级预防。一级预防措施主要包括:综合防尘;尽可能采用不含或含游离二氧化硅少的材料代替含游离二氧化硅多的材料;在工艺要求许可的条件下,尽可能采用湿式作业;使用个人防尘用品,做好个人防护;对作业环境的粉尘浓度实施定期检测,使作业环境的粉尘浓度处于国家标准规定的允许范围之内;宣传教育、普及防尘的基本知识;加强对除尘系统的维护和管理,使除尘系统处于完好、有效的状态。

2) 二级预防。二级预防措施主要包括:建立专人负责的防尘机构,制定防尘规划和各项规章制度;对新从事粉尘作业的劳动者,必须进行健康检查;对在职的从事粉尘作业的劳动者,必须定期进行健康检查,发现不宜从事粉尘作业的劳动者,要及时调整其工作岗位。

3）三级预防。三级预防措施主要包括：对已确诊尘肺病的劳动者，应及时调离原工作岗位，安排合理的治疗或疗养，患者的社会保险待遇按国家有关规定办理。

（2）粉尘综合治理的"八字方针"

粉尘综合治理措施可概括为八个字，即"革、水、密、风、管、教、护、检"。

"革"：进行工艺改革，以低粉尘、无粉尘物料代替高粉尘物料，以不产尘设备、低产尘设备代替高产尘设备，这是减少或消除粉尘污染的根本措施。

"水"：湿式作业可以有效地防止粉尘飞扬。例如，矿山开采的湿式凿岩、铸造业的湿砂造型等。

"密"：密闭尘源，使用密闭的生产设备或者将敞口设备改成密闭设备。这是防止和减少粉尘外逸、治理作业场所空气污染的重要措施。

"风"：通风排尘。受生产条件限制，当设备无法密闭或密闭后仍有粉尘外逸时，要采取通风措施，将产尘点的含尘气体直接抽走，确保作业场所空气中的粉尘浓度符合国家卫生标准。

"管"：领导要重视防尘工作，改善防尘设施，加强维护管理，确保防尘设施良好、高效地运行。

"教"：加强防尘工作的宣传教育，普及防尘知识，使从事粉尘作业的劳动者对粉尘危害有充分的了解和认识。

"护"：受生产条件限制，在粉尘无法控制或高浓度粉尘条件下作业时，必须合理、正确地使用防尘口罩、防尘服等个人防护用品。

"检"：定期对从事粉尘作业的劳动者进行健康检查；对从事特殊作业的劳动者应发放保健津贴；有相关职业禁忌证的劳动者，不得从事粉尘作业。

法律提示

《职业病防治法》规定：职业病防治工作坚持预防为主、防治结合的方针，建立用人单位负责、行政机关监管、行业自律、职工参与和社会监督的机制，实行分类管理、综合治理。

22. 作业场所粉尘监测

（1）监测作业场所粉尘浓度的意义

要控制作业场所的粉尘浓度，使之符合卫生标准要求，首先必须获得现场粉尘污染的第一手资料，如作业场所空气中的粉尘浓度、粉尘中游离二氧化硅含量及粉尘的分散度等基本情况，这是粉尘监测工作的主要内容。一方面，粉尘监测结果是评价防尘措施效果好坏的依据；另一方面，因某些粉尘具有爆炸性，当其在空气中达到一定浓度时，遇到明火就可能发生爆炸。因此，准确的作业现场粉尘监测是防尘工作的重要组成部分，是做好作业场所环境卫生学评价和确保安全生产不可缺少的环节，也是评价粉尘控制效果最有效的手段。

（2）作业场所粉尘监测的种类

1）评价监测。适用于建设项目职业病危害因素预评价、建设项目职业病危害因素控制效果评价和职业病危害因素现状评价等。

2）日常监测。即对工作场所空气中粉尘浓度进行日常监测。

3）监督监测。即职业卫生监督管理部门对用人单位工作场所空气中粉尘浓度进行的监测。

4）事故性监测。即当工作场所发生职业危害事故时，进行的紧急采样监测。

（3）选择作业场所粉尘监测采样点的原则

1）选择有代表性的工作地点，其中应包括空气中粉尘浓度最高、劳动者接触时间最长的工作地点。

2）在不影响劳动者工作的情况下，采样点应尽可能靠近劳动者；空气收集器应尽量接近劳动者工作时的呼吸地带。

3）在评价工作场所防护设备或措施的防护效果时，应根据设备的情况选定采样点。

4）采样点应设在工作地点的下风向，远离排气口和可能产生空气涡流的地点。

5）工作场所按产品的生产工艺流程，凡逸散或存在粉尘的工作地点，至少应设置1个采样点。

6）当劳动者流动作业时，在其流动的范围内，一般每隔10 m设置 1 个采样点。

 相关链接

采样时段的确定原则

（1）采样必须在正常工作状态和环境下进行，避免人为因素的影响。

（2）在空气中粉尘浓度随季节发生变化的工作场所，应选择空气中粉尘浓度最高的季节为重点采样季节。

（3）在工作周内，应选择空气中粉尘浓度最高的工作日为重点采样日。

（4）在工作日内，应选择空气中粉尘浓度最高的时段为重点采样时段。

23. 尘肺病

（1）尘肺病的定义及分类

尘肺病是在职业活动中长期吸入生产性矿物性粉尘并在肺内潴留而引起的以肺组织弥漫性纤维化为主的疾病，是职业病中影响面最广、危害最大的一类疾病。目前《职业病分类和目录》中共包括13类尘肺病，详见第2章职业病分类有关内容。

（2）尘肺病对人体的影响

尘肺病常见于工龄5至10年的劳动者，最短可在从事相关工作半年左右发病。患者常见的症状有咳嗽、咳痰、胸痛、气短及肺功能减退，最终可因肺纤维化出现呼吸衰竭或合并感染、气胸而死亡。

（3）尘肺病的影响因素

尘肺病的严重程度主要与吸入粉尘中的游离二氧化硅含量有关，以矽肺最严重。其他尘肺病的病理改变和临床表现与所接触粉尘的性质相关，例如，石棉粉尘不仅可引起石棉肺，还可导致肺癌及恶性胸膜间皮瘤。

1）粉尘环境中游离二氧化硅含量。粉尘中游离二氧化硅含量越高，粉尘造成的危害越大，人长期吸入后，肺组织中会形成矽结节。典型的矽结节由多层排列的胶原纤维构成，横断面呈洋葱头状。早期矽结节的胶原纤维排列疏松，继而结节趋向成熟，外层被炎症细胞包围。随着时间的推移，矽结节增多、增大，进而融合成团块状。例如，在煤矿开采中，煤矿岩层中游离二氧化硅的含量相当高，有时可高达40%，煤矿工人所接触的粉尘常为煤矽混合尘，长期大量吸入这类粉尘，也可引起以肺纤维化为主的疾病。

2）接触时间。尘肺病的发展是一个慢性过程，一般在持续吸入粉尘5到10年后发病；但持续吸入含有高浓度游离二氧化硅的粉尘，经半年到2年即可发病，称为"速发型尘肺病"。

3）粉尘颗粒大小。粉尘颗粒大小与其在空气中的沉降速率和在呼吸道的阻留部位有密切关系。直径大于10 μm的粉尘颗粒在空气中很快沉降，即使吸入也会被鼻腔鼻毛阻留，随鼻涕排出；直径在10 μm以下的粉尘，绝大部分被上呼吸道所阻留；直径在5 μm以下的粉尘，可进入肺泡；直径在0.5 μm以下的粉尘，因其重力小，不易沉降，可随呼气排出，故很难在呼吸道中沉积；而直径在0.1 μm以下的粉尘因布朗运动，在呼吸道中含量反而增高。

4）机体状态。游离二氧化硅粉尘对细胞的伤害是造成尘肺病变的基础。一般来说，98%进入呼吸道的粉尘在24 h内可通过各种途径排出体外；粉尘浓度过大，超过机体清除能力时，阻留在肺内的量越大，病理改变也越严重。

有慢性呼吸道炎症的患者，呼吸道的清除功能较差，呼吸系统疾病尤其是肺结核发病率高，会促使矽肺病程迅速进展。此外，个体因素如年龄、身体素质、个人卫生习惯、营养状况等也是影响尘肺病发病的重要条件。

相关链接

矽肺是尘肺病中进展最快、最严重、最常见，影响面较广的一种。可能导致矽肺的作业有：采矿业的各种黑色、有色金属以及煤、硫、磷等矿山的采掘、爆破、运输、原料破碎等作业，筑路、开凿隧道、修筑工事、兴修水利、地质勘探等作业，石英、玻璃、陶瓷、耐火材料加工行业的原料破碎、过筛、拌料等作业，机械制造业的翻砂、清砂、喷砂等作业。

尘肺病人一旦确诊，应立即脱离接触粉尘的环境，并做劳动能力鉴定，根据患者全身状况、X射线诊断及肺代偿功能，安排其从事适当的工作或休息。此外，患者应注重保养，戒烟、戒酒，补充营养，并进行适度的体育锻炼，接受治疗，改善体质，延长寿命。经职业病诊断机构诊断确诊职业性尘肺病者，可向当地的社会保险经办机构申请享受工伤保险待遇。

24. 生产性毒物

（1）生产性毒物的相关定义

1）毒物。毒物是指在一定条件下，以较小剂量作用于人体，即可引起人体生理功能改变或器质性损害，甚至危及生命的化学物质。

2）生产性毒物。生产性毒物是指在生产中产生的能使人体器官、组织机能或形态发生异常改变而引起暂时性或永久性病理改变的物质。

3）中毒。中毒是指人体受毒物作用后出现的功能性或器质性改变。

（2）生产性毒物按其存在的形态分类

1）固体。如氰化钠、对硝基氯苯等。

2）液体。如苯、汽油等有机溶剂等。

3）气体。即常温常压下呈气态的物质，如二氧化硫、氯气等。

4）蒸气。固体升华、液体蒸发或挥发时形成的蒸气，如喷漆作业中的苯、汽油、醋酸酯类等的蒸气。

5）粉尘。机械粉碎、碾磨固体物质，粉状原料、半成品或成品的混合、筛分、运送、包装过程等，都能产生大量粉尘，如炸药厂的三硝基甲苯粉尘等。

6）烟尘。烟尘指悬浮在空气中直径小于 0.1 μm 的固体微粒。某些金属熔融时产生的蒸气可在空气中迅速冷凝或氧化成烟，如熔炼铅时产生的铅烟，熔钢、铸铜时产生的氧化锌烟。

7）雾。雾指悬浮于空气中的微小液滴，多由蒸气冷凝或液体喷洒形成。如喷洒农药时形成的药雾，喷漆时产生的漆雾。

8）气溶胶。悬浮于空气中的粉尘、烟尘及雾统称为气溶胶。

（3）人体与生产性毒物的接触机会

1）原料开采。在开采过程中可产生生产性毒物的粉尘或蒸气，如开采锰矿时产生的锰粉，开采汞矿时产生的汞蒸气。

2）材料搬运和储存。材料搬运和储存过程中，可出现包装泄漏等情况导致人体与生产性毒物接触，如储存氯气等气态毒物的钢瓶泄漏。

3）材料加工。原料粉碎、筛选、配料以及手工加料等过程可导致粉尘飞扬及蒸气逸出，不仅污染环境，还可成为二次毒源对人体产生损伤。

4）化学反应。某些化学反应如果控制不当，可能发生意外事故。如放热产气反应过快，可发生"冒锅"，使物料喷出反应釜；易燃易爆物质反应控制不当可发生爆炸，释放出有毒气体等。

5）生产中应用。农业生产中喷洒杀虫剂，喷漆过程中使用苯作稀释剂，矿山掘进作业时使用炸药等，都有可能使人体接触生产性毒物。

6）其他。有些生产过程虽不使用有毒物质，但在特定情况下也可接触毒物以致发生中毒，如进入地窖、废巷道或地下污水井时发生硫化氢中毒等。

（4）生产性毒物对人体的危害

1）局部刺激和腐蚀作用。如强酸（硫酸、硝酸）、强碱（氢氧化钠、氢氧化钾）等可直接腐蚀皮肤和黏膜。

2）阻止氧的吸收、运输和利用。如一氧化碳被吸入后很快与血红蛋白结合，影响血红蛋白运送氧气；吸入刺激性气体可导致肺水肿，影响肺泡的气体交换，阻碍氧气的吸收；惰性气体或毒性较小的气体如氮气、甲烷、二氧化碳可降低空气中氧的分压力而造成窒息。

3）干扰机体的免疫功能。生产性毒物可致机体免疫功能低下，对某些疾病易感性增强。

4）抑制酶活性。生产性毒物可使人体酶的活性受到抑制。

5）"三致"作用。即致癌、致畸、致突变作用。

 相关链接

> **生产性毒物进入人体的主要途径**
>
> （1）呼吸道
>
> 呼吸道是最常见和主要的途径。以气体、粉尘、烟尘、雾等形态存在的生产性毒物，在防护不当的情况下，均可经呼吸道侵入人体。人体的整个呼吸道都能吸收毒物。
>
> （2）皮肤
>
> 皮肤是某些毒物进入人体的途径之一，毒物可通过无损伤皮肤的皮脂腺、汗腺等被吸收进入血液。能经皮肤进入血液的毒物有三类：能溶于脂肪及类脂样物质的毒物，主要是芳香族的硝基、氨基化合物，有机铅化合物，以及苯、甲苯、二甲苯、氯化烃、

醇类化合物；能与皮肤中的脂酸结合的毒物，如汞及汞盐、砷的氧化物及砷盐；具有腐蚀性的毒物，如强酸、强碱、酚类化合物及黄磷等。

（3）消化道

在生产环境中，直接从消化道吸收毒物而引起中毒的机会比较少，往往是手被毒物污染后，再用手接触食物而使毒物随食物进入消化道。如手工包装农药时，就可能导致毒物经消化道吸收。

25. 职业中毒

（1）职业中毒的定义及分类

劳动者在生产劳动过程中由接触生产性毒物引起的中毒称为职业中毒。职业中毒的局部表现为对皮肤黏膜的刺激和腐蚀作用；全身表现为对接触部位以外的器官损害，如缺氧、麻醉，以及对肝、肾、血液等的损害。

职业中毒可分为急性、亚急性和慢性三种临床类型：急性中毒是指毒物一次性或短时间（几分钟至数小时）内大量进入人体而引起的中毒；慢性中毒是指毒物长期少量进入人体而引起的中毒，如慢性铅中毒；亚急性中毒发病速度介于急性和慢性之间，接触毒物浓度较高时，一般在一个月内发病，也称亚慢性中毒，如亚急性铅中毒。

（2）常见的职业中毒种类

按生产性毒物的种类、用途和毒理作用，常见的职业中毒分为以下几类：

1）金属中毒。金属特别是重金属，在体内积累到一定浓度后可产生毒性作用。

2）刺激性气体中毒。氨气、氯气、二氧化硫、碳酰氯等气体主要引起急性中毒，造成急性支气管炎、化学性肺炎和肺水肿等。

3）窒息性毒物中毒。一氧化碳、二氧化碳等气体可使人因缺氧而昏迷。

4）有机溶剂中毒。醇类、酯类、芳香烃类等化合物具有脂溶性，亲神经，有麻醉作用。

5）苯的氨基、硝基化合物中毒。苯胺、硝基苯等可将血红蛋白氧化成高铁血红蛋白，高铁血红蛋白不能携带氧，导致发绀和缺氧。

6）农药中毒。有机磷农药、氨基甲酸酯类农药可作用于中枢神经系统，导致昏迷、抽搐。

（3）职业中毒的表现形式

不同的生产性毒物会侵害人体不同的系统或器官，因此中毒者的表现也不同。

1)神经系统。例如,慢性铅中毒的早期表现为头晕、失眠、记忆力减退、情绪不稳定、乏力等,急性汽油中毒的临床表现为哭笑异常、易怒等,一氧化碳中毒的后遗症为痴呆、严重记忆力减退等。

2)呼吸系统。例如,刺激性气体(氯气、氮氧化物、二氧化硫等)可引起咽炎、喉炎、气管炎、支气管炎等呼吸道病变,严重时可引起化学性肺炎、化学性肺水肿;汽油可引起胸闷、剧咳、咳痰、咯血等;氮氧化物、有机磷农药中毒可引起明显的呼吸困难、发绀、剧咳;长期吸入砷和铬等可引起肺癌。

3)血液系统。例如,铅可引起小细胞低色素性贫血;苯、三硝基甲苯可抑制骨髓造血功能,引起全血细胞减少,甚至造成再生障碍性贫血;苯的氨基和硝基化合物、亚硝酸盐可引起高铁血红蛋白血症。

4)消化系统。例如,经口进入人体的汞盐、三氧化二砷所致的急性中毒,可引起恶心、呕吐等症状;铅、汞中毒时,可见牙釉质脱落;慢性铅中毒时,经常出现脐周或全腹剧烈的持续性或阵发性绞痛等症状;肝毒物如黄磷、砷、四氯化碳、三氯甲烷、氯乙烯和三硝基甲苯等苯的氨基、硝基化合物,均可引起急性或慢性肝损伤,其症状和体征与病毒性肝炎相似。

5)泌尿系统。例如,铅、汞、镉、砷及砷化物、四氯化碳、乙二醇、苯酚等均可引起肾损伤,但其致病机理各不相同;β-萘胺和联苯胺可诱发膀胱癌。

6)循环系统。例如,窒息性气体和刺激性气体中毒可导致心肌缺氧,有机溶剂、有机磷农药中毒可引起心律不齐,慢性二硫化碳中毒可诱发冠心病。

7）生殖系统。生产性毒物对生殖系统的毒性作用表现为对接触者本人生殖器官、内分泌系统、性周期和性行为、生育能力、妊娠结果、分娩过程等方面的影响，还可引起胎儿畸形、发育迟缓、功能缺陷甚至死亡等。

8）皮肤。职业性皮肤病占职业病总数的 40%~50%，其致病因素很多，其中化学因素占 90% 以上，例如化学性灼伤、接触性皮炎、职业性痤疮、皮肤肿瘤等。

9）眼部。腐蚀性强酸、强碱进入眼部可导致结膜、角膜的坏死、糜烂，三硝基甲苯、二硝基酚可引起白内障，甲醇可引起视神经炎、视网膜水肿、视神经萎缩甚至失明等。

10）发热。吸入锌、铜等金属烟可引起金属烟热，吸入聚四氟乙烯的热解物可产生聚合物烟尘热。

26. 高分子化合物

（1）高分子化合物的定义

高分子化合物指相对分子质量达数千至数百万，由许多结构相同的单体聚合或缩合而成的大分子物质。如聚乙烯塑料是由许多乙烯单体聚合而成，酚醛树脂是由苯酚与甲醛缩聚而成。

高分子化合物有许多优异性能，如强度高、耐腐蚀、绝缘性能好、质量小、成品无毒或毒性小等，因而广泛应用于农业、工业、医药等方面。生产高分子化合物的基本原料有煤焦油、天然气和石油裂解气等，其中以石油裂解气应用最多，主要有烯烃和芳香烃类化合物（如乙烯、丙烯、丁二烯、苯、甲苯、二甲苯等）。生产过程中常用的单体多为烯烃、芳香烃及其卤代化合物，氰类，二醇和二胺类化合物，这些化合物多数对人体健康有影响。

（2）高分子化合物的危害

高分子化合物的成品毒性很小，对人体基本无危害，其危害主要取决于所含游离单体的种类和量以及所用添加剂的毒性。如酚醛树脂遇热可游离出甲醛和苯酚，而后两者都对皮肤具有刺激性。塑料中的稳定剂如有机锡、铅盐等，环氧树脂的固化剂乙二胺，合成橡胶的引发剂如偶氮二异丁腈等，均对人体有危害。此外，添加剂与高分子化合物的内部成分也可逐步游离至表面，通过污染食品、水或与皮肤接触，影响人体健康。

高分子化合物本身对人无毒或毒性很小，但高分子化合物的粉尘却对人体有害，如聚氯乙烯粉尘吸入后可致肺轻度纤维化，某些高分子化合物粉尘可刺激上呼吸道黏膜，酚醛树脂、环氧树脂等对皮肤有原发性刺激或致敏作用。

27. 刺激性气体与窒息性气体

（1）刺激性气体的分类

刺激性气体可按其化学结构分为以下几类。其中某些物质虽在常态下非气体，但可通过蒸发、挥发及升华等以气体形式作用于人体。

1）无机酸类。如硫酸、硝酸、盐酸等。

2）成酸氧化物。如二氧化硫、三氧化硫、二氧化氮等。

3）成酸氢化物。如氟化氢、溴化氢、硫化氢等。

4）成碱氢化物。如氨、氢化钾、氢化钠等。

5）卤族元素。如氟、氯、溴、碘等。

6）卤代烃。如溴甲烷、二氯甲烷、二氯乙烷、二溴乙烷等。

7）无机氯化物。如二氯化矾、三氯化磷、五氯化磷、三氯氧磷、三氯化砷、三氯化锑、碳酰氯、四氯化硅等。

8）醇类。如氯乙醇、二氯乙醇等。

9）醛类。如甲醛、乙醛、丙烯醛等。

10）有机酸类。如甲酸、乙酸、丙烯酸、氯磺酸、苯二甲酸等。

11）酯类。如甲酸甲酯、乙酸乙酯、硫酸二甲酯、甲苯二异氰酸酯等。

12）醚类。如乙醚、二氯乙醚等。

13）胺类。如乙二胺、丁胺、二乙烯三胺等。

14）有机氟类。如聚四氟乙烯、全氟异丁烯等。

15）环氧化物。如环氧乙烷、环氧丙烷、环氧氯丙烷等。

16）其他。如汽油、磷化氢等。

（2）刺激性气体对人体的危害

刺激性气体对人体的危害可分为急性中毒和慢性中毒，生产中以急性中毒较为常见。

1）急性中毒。刺激性气体对眼及上呼吸道黏膜具有刺激性，还可引起喉部痉挛和水肿，化学性气管炎、支气管炎及肺炎，中毒性肺水肿，皮肤损害等，严重时可导致心、肾损害。

2）慢性中毒。长期接触低浓度的刺激性气体，可导致慢性结肠炎、鼻炎、支气管炎、牙酸蚀症，并可伴有神经衰弱综合征及消化道症状。有些刺激性气体还有致敏作用，如氯、甲苯二异氰酸酯可引起支气管哮喘，甲醛可致过敏性皮炎等。

（3）窒息性气体的分类

窒息性气体是生产中常见的有害气体，可分为单纯性气体和化学性气体两类。单纯性气体（如氮气、甲烷、二氧化碳、水蒸气等）本身无毒，但若它们在空气中含量高，则氧的相对含量大大降低，使动脉血氧分压下降，导致机体缺氧；化学性气体（如一氧化碳、氰化物、硫化氢等）能影响氧气与血红蛋白的结合、解离以及细胞对氧气的利用，造成全身组织缺氧。脑对缺氧最为敏感，所以窒息性气体中毒主要表现为中枢神经系统缺氧的一系列症状，如头晕、头痛、烦躁不安、定向力障碍、呕吐、嗜睡、昏迷、抽搐等。

窒息性气体中毒的临床表现以中枢神经系统缺氧症状为主，其治疗关键在于纠正缺氧，给予高压氧治疗。此外根据不同类型气体的致病性，宜选择相应的治疗药物，如细胞色素c、亚硝酸钠-硫代硫酸钠、亚甲蓝等。

（4）预防窒息性气体对人体危害的措施

经常测定作业环境中窒息性气体浓度，维修管道防止漏气；产生窒息性气体的生产过程要密封生产场所并有通风设施；在较危险的区域安装自动报警仪；进入危险区工作须戴防毒面具，工作完成后应立即离开，并适当休息；作业时最好多人同时工作，便于发生意外时自救、互救；加强安全教育，普及预防窒息性气体中毒和急救知识，一旦发现中毒者应立即将其移到空气新鲜处，并注意给中毒者保暖，尽快将其送到医院抢救。

  相关链接

刺激性气体大多是化学工业的重要原料、产品和副产品，多数具有腐蚀性。在生产过程中常因设备、管道被腐蚀而发生跑、冒、滴、漏等现象，外溢的气体通过呼吸道进入人体可造成中毒事故。这种事故一旦发生，往往情况紧急，波及面广，危害较大。

> 刺激性气体主要对呼吸道黏膜和肺组织产生刺激和灼烧作用，并引起一系列变化。其中，化学性肺水肿会严重损伤呼吸功能，发生中毒后现场抢救应注意预防和治疗肺水肿，防止继发性感染。

28. 生产性噪声

（1）生产性噪声的定义及其分类

不同频率、不同强度无规律地组合，波形呈无规则变化的声音称为噪声，如机器的轰鸣等。生产过程中产生的噪声被称为生产性噪声。生产性噪声按其来源可大致分为以下三种：

1）机械性噪声。由机器转动、摩擦、撞击而产生的噪声，如各种车床、纺织机、凿岩机、轧钢机、球磨机等机械所发出的声音。

2）空气动力性噪声。由于气体体积突然发生变化引起压力突变，或气体中有涡流引起气体分子扰动而产生的噪声，如鼓风机、通风机、空气压缩机、燃气轮机等发出的声音。

3）电磁性噪声。电气设备在交流电磁场下振动产生的噪声，如发电机、变压器、电动机所发出的声音。

（2）生产性噪声的危害

噪声对人体的影响是全身性、多方面的。噪声妨碍人们正常的工作和休息，在噪声环境中工作，容易感觉疲乏、烦躁，造成注意力不集中、反应迟钝、动作准确性降低，直接影响作业能力和效率。由于噪声会掩盖作业场所的危险信号或警报，往往造成工伤事故的发生。长期接触强烈噪声会对人体产生如下有害影响：

第3章 职业病危害因素及其防护

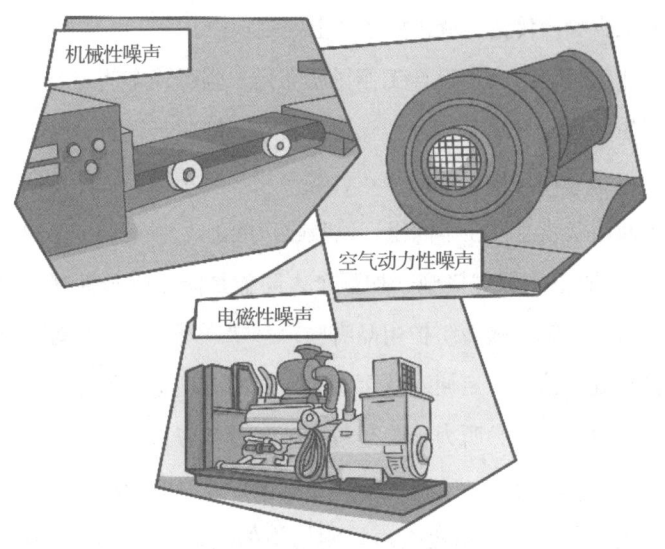

1）听力系统损伤。接触噪声初期，听阈可暂时性升高，听力下降，这是保护性反应；长期接触强噪声，可导致永久性听力下降，内耳感音细胞遭损伤，引起噪声性耳聋；极强噪声可导致听力器官受急性外伤，即爆震性耳聋。

2）神经系统损伤。长期接触噪声可导致大脑皮层兴奋和抑制功能的平衡失调，出现头痛、头晕、心悸、耳鸣、疲劳、睡眠障碍、记忆力减退、情绪不稳定、易怒等症状。

3）其他系统应激反应。长期接触噪声可引起其他系统的应激反应，如可导致心血管系统疾病加重，引起胃肠道功能紊乱等。

（3）生产性噪声危害的控制措施

1）控制生产性噪声。控制生产性噪声主要从两个方面入手：一方面是消除或降低声源的噪声，使其符合噪声卫生标准；另一方面是消除或减少噪声传播,从传播途径上控制噪声。

具体措施包括合理设计工作场所布局,强噪声车间与一般车间以及职工生活区分开;车间内强噪声设备与一般生产设备分开;利用屏蔽装置阻止噪声传播,如隔声罩、隔声板、隔声墙等;使用吸声材料装饰车间墙壁或悬挂在车间里,以吸收声能。

2)采取卫生保健措施。加强个人防护是防止噪声性耳聋简单而易行的有效措施,噪声防护用品有防声耳罩、耳塞、帽盔等。加强听力保护与健康监护,定期对从事噪声作业的劳动者进行健康检查,重点检查听力,对高频听力下降超过15 dB者,应采取保护措施。合理安排劳动与休息时间,实行工间休息制度,休息时劳动者要离开噪声源。监测车间噪声,鉴定噪声控制措施的效果,监督噪声卫生标准执行情况。噪声作业人员就业前必须进行健康检查,以发现职业禁忌证。

29. 生产性振动

(1)生产性振动的定义及其分类

1)生产性振动的定义。振动是物体在外力的作用下往复通过某一基准位置的现象。生产过程中由机械传动、撞击或车船行驶等产生的振动为生产性振动。生产中经常接触的振动源有以下几种:

①风动工具,如铆钉机、凿岩机、风铲、风钻、捣固机等;

②电动工具,如电钻、电锤、电锯、砂轮等;

③运输工具,如汽车、火车、飞机、轮船、摩托车等;

④农业机械,如拖拉机、脱粒机、收割机等。

2）生产性振动的分类。生产性振动有以下 5 种分类方式：

①按振动作用于人体的部位，分为局部振动和全身振动。

②按振动方向，分为垂直振动和水平振动。

③按振动的波形，分为正弦振动、复合周期振动、复合振动、随机振动、冲击振动和瞬变振动。

④按振动频率分类，1 Hz 以下的振动为全身振动，可以引起运动病；1~100 Hz 的振动既可以引起全身振动，也可以引起局部振动；500~1 000 Hz 的振动，则以局部振动作用为主，可引起局部振动病。

⑤按接触振动的方式，分为连续振动和间断接触振动。

（2）生产性振动的危害

生产性振动可使人体对振动的敏感性减弱或消失，痛觉与触觉也发生改变；振幅大而又有冲击力的生产性振动，往往可引起骨、关节改变，主要表现为脱钙、部分骨硬化、内生骨疣、局限性骨质增生或变形性关节炎；局部振动能引起中枢及周围神经系统的功能改变，表现为条件反射抑制、潜伏期延长，一般手部接触的振动都属于局部振动。

（3）生产性振动危害的控制措施

预防生产性振动的危害应从工艺改革入手。在可能的条件下，以液压、焊接、粘接等新工艺代替铆接；改进风动工具，采用减振装置，设计自动或半自动式操纵装置，减少手及肢体直接接触振动源；工具把手设缓冲装置；改进压缩空气的出口方位，防止工人受冷风吹袭。接触振动作业人员应发放双层衬垫无指手套或泡沫塑料衬垫的无指手套，以减振保暖。

此外，用人单位应建立合理的劳动制度，根据接触振动的强度和频率，制订工间休息及定期轮换制度，并限定作业人员每日接触振动的时间。定期组织接触振动作业人员体检，以便及时发现受振动损伤的作业人员，并予以治疗。

相关链接

局部振动病是由局部肢体（主要为手）长期接受强烈振动而引起的以肢端血管痉挛、上肢周围神经末梢感觉障碍及骨关节骨质改变为主要表现的疾病。

全身振动除对前庭功能产生影响，出现协调性降低的表现之外，还可引起自主神经功能改变及内脏移位，对于孕妇可能引起流产。

30. 高温作业

（1）高温作业的分类

高温作业是指在高气温或高温、高湿或强热辐射条件下进行的作业，通常分为以下3种类型：

1）高温、热辐射作业。此类作业的特点是工作场所气温高、热辐射强度大，而相对湿度较低，形成干热环境。如冶金工业的炼焦、炼铁、轧钢等车间，机械制造工业的铸造、锻造、热处理等车间，搪瓷、玻璃、砖瓦等工业的窑炉车间，火力发电厂和锅炉房等。

2）高温、高湿作业。此类作业的特点是工作场所气温高、湿度高，而热辐射强度不大，主要是生产过程中产生大量水蒸气或生产工艺要求车间内保持较高的相对湿度所致。如印染、缫丝、造纸等行业生产过程中液体加热或蒸煮时，车间气温可超过35 ℃，相对湿度常在90%以上；潮湿的矿井内气温可超过30 ℃，相对湿度在95%以上；如通风不良就会形成高温、高湿和低气流的气象条件，即湿热环境。

3）夏季露天作业。夏季进行农田劳动、建筑施工、搬运等露天作业，除受太阳的辐射作用外，还会接收被加热的地面和周围物体放出的辐射。此类作业虽然热辐射强度较低，但其作业的持续时间较长，加之中午前后气温升高，形成高温、热辐射的作业环境。

（2）高温作业对人体的危害

1）代谢紊乱。大量出汗会使体内各种物质流失严重，对水和电解质平衡与代谢产生影响。

2）对循环系统的影响。高温条件下，为加强散热，皮肤血管扩张,大量血液流向体表,影响肌肉的供血与血压的维持。

3)对消化系统的影响。高温作业时,胃肠道活动受到抑制,消化液分泌减弱,胃液酸度降低。

4)对神经系统的影响。高温会抑制中枢神经系统,使作业人员的注意力下降,肌肉工作能力减弱,动作准确性和协调性以及反应速度降低,极易造成工伤事故。

5)对泌尿系统的影响。大量排汗会使尿液浓缩,增加肾脏负担。

(3)高温危害控制的主要手段

1)从改进生产工艺过程入手,采用先进技术,实行机械化和自动化生产,从根本上改善劳动条件,减少或避免作业人员在高温或强热辐射环境下劳动，同时也减轻了劳动强度。如冶金车间的自动投料、自动出渣运渣、制砖场的自动生产线等。

2）隔热是减少热辐射的一种简便有效方法。对于无法移动的热源和工艺要求不能远离操作带的热源，应设法采用隔热措施。如利用流动水吸走热量，可采用循环水炉门、瀑布水幕、水箱、钢板流水等，是吸收炉口辐射热较理想的方法；也可利用导热系数小、导热性能差的材料，如炉渣、草灰、硅藻土、石棉、玻璃纤维等，制成隔热板或直接包裹在炉壁和管道外侧，达到隔热的目的，缺乏水源的工厂以及小型企业和乡镇企业，更适合采用这种隔热方式。

3）通风是改善作业环境最常用的方法，常见的有自然通风和机械通风两种方式。自然通风是利用车间内外的热压和风压，使室内外空气进行交换，但是高温车间仅靠这种方式是不够的。在散热量大、热源分散的高温车间，1 h 内需换气 30 次以上，才能使余热及时排出。因此，必须把进风口和排风口安排得十分合理，使其发挥最大的效能。

在进行工艺设计时，应设法将热源合理布置，将其放在车间外面或远离作业人员的操作地点。对于采用自然通风的厂房，热源应布置在天窗下面；采用穿堂风通风的厂房，应将热源放在主导风的下风侧，使进入厂房的空气先经过作业人员的操作地带，再经过热源。

31. 射频辐射与电离辐射

（1）射频辐射的定义

射频辐射是指无线电通信波段的频率在 3 kHz 到 300 GHz 范围产

生的一种电磁辐射,包括高频电磁场和微波。按波长进行划分,高频电磁场可分为长波、中波、短波和超短波,微波分为分米波、厘米波和毫米波。

射频辐射的发射源周围可以其波长的 1/6 为界,相对地划分为近场区(感应场)及远场区(辐射场)。在近场区内,电场与磁场的强度大小没有固定的比例关系,在实际工作中要分别测定电场强度和磁场强度;当辐射频率达到 300 MHz 以上时,作业人员都处在远场区内,受到的是辐射能的影响。

(2)射频辐射的危害及职业接触机会

1)射频辐射的危害。强度较大的射频辐射对人体的主要影响是引起中枢神经和自主神经系统的功能障碍,主要症状为神经衰弱综合征,以头晕、乏力、睡眠障碍、记忆力减退等最常见;此外还会影响心律、血压等。微波接触者除有神经衰弱外,还有脑电图慢波显著增加、周围血白细胞总数暂时下降等症状。长期接触高强度微波的人员，还会出现晶状体点状或小片状混浊，甚至出现白内障的症状，一般认为微波能加速晶状体正常老化过程。

2）接触射频辐射的机会。接触射频辐射的机会包括高频感应加热，频率多为 0.3~3 MHz，如高频热处理、焊接、冶炼，半导体材料加工等；高频介质加热，频率一般在 10~30 MHz，如塑料制品热合，木材、棉纱、纸张、食品的烘干等；频率在 3~300 GHz 的微波主要用于雷达导航、探测、通信、电视及核物理研究等；微波加热应用近年来发展较快，主要用于食品加工、医学理疗、家庭烹调以及木材、纸张、药材、皮革的干燥等。

（3）电离辐射的定义及其职业接触机会

电离辐射是指能引起物质发生电离的辐射，包括 α 射线、β 射线、γ 射线、X 射线、中子射线等。

小煤矿、小金矿、小铁矿、磷酸盐矿，仪表工业用的发光涂料，陶瓷、建筑材料中的放射性物质等均可产生电离辐射，但由于含量很低，一般情况下不会对人体造成危害，除非是发生事故或误服。

（4）电离辐射的危害

电离辐射以外照射和内照射两种方式作用于人体。外照射的特点是只要脱离或远离辐射源，辐射作用即停止；内照射是放射性核素经呼吸道、消化道、皮肤和注射途径进入人体后，对机体产生作用。

1）外照射危害。外照射危害大致分为两种类型，即外照射急性放射病和外照射慢性放射病。外照射急性放射病是短时间内大剂量辐射作用于人体引起的，局部急性照射可产生局部急性损伤，如暂时性或永久性不孕不育、白细胞暂时减少、造血功能障碍、皮肤溃疡、发育停滞等。外照射急性放射病平时非常少见，只在从事核工业和放射治疗时,由于偶然事故暴露于电离辐射下发生。

外照射慢性放射病是在较长时间内接受一定剂量的电离辐射引起的,局部接受一定剂量的电离辐射可产生慢性损伤,如慢性皮肤损伤、造血功能障碍、生育能力受损、白内障等。外照射慢性放射病常见于放射工作职业人群,以神经衰弱综合征为主,伴有造血系统或脏器功能改变,常见症状为白细胞减少。

2)内照射伤害。内照射伤害是指放射性物质进入人体内部产生的照射伤害,有机会进入人体的放射性物质主要是放射性元素氡以及含放射性元素的粉尘。

由于地壳内普遍存在着放射性元素,在矿物开采加工时,就会形成放射性粉尘。作业人员吸入粉尘的同时也吸入了放射性元素,这些放射性元素在衰变过程中放出射程只有几厘米的 α 射线,导致人体细胞的变异,最常见的后果就是导致矿工的职业性肺癌,连续在井下工作时一般发病潜伏期为 10 年。

相关链接

射频辐射中高频电磁场的主要防护措施有场源屏蔽、距离防护和合理布局等，微波的防护包括直接减少源的辐射、屏蔽辐射源、加强个人防护及遵守安全操作规程等措施。

电离辐射外照射的防护可以从时间、距离、屏蔽三个方面采取防护措施，内照射的防护手段有机械通风、空气净化、放射源隔离、做好防尘工作和加强个人防护等。

第4章 职业病防治管理

32. 职业病防治管理措施

（1）用人单位应当采取的职业病防治管理措施

1）设置或者指定职业卫生管理机构或者组织，配备专职或者兼职的职业卫生管理人员负责本单位的职业病防治工作。

2）制定职业病防治计划和实施方案。

3）建立、健全职业卫生管理制度和操作规程。

4）建立、健全职业卫生档案和劳动者健康监护档案。

5）建立、健全工作场所职业病危害因素监测及评价制度。

6）建立、健全职业病危害事故应急救援预案。

（2）职业卫生管理机构的设置及人员配备

用人单位是职业病防治的责任主体，其主要负责人对本单位的职业病防治工作全面负责。

1）职业病危害严重的用人单位，应当设置或者指定职业卫生管理机构或者组织，配备专职职业卫生管理人员。

其他存在职业病危害的用人单位，劳动者超过100人的，应当设置或者指定职业卫生管理机构或者组织，配备专职职业卫生管理人员；劳动者在100人以下的，应当配备专职或者兼职的职业卫生管理人员，负责本单位的职业病防治工作。

2）用人单位的主要负责人和职业卫生管理人员应当具备与本单位所从事的生产经营活动相适应的职业卫生知识和管理能力，并接受职业卫生培训。

（3）建立职业病防治制度和操作规程

存在职业病危害的用人单位应当制定职业病危害防治计划和实施方案，建立、健全下列职业卫生管理制度和操作规程：

1）职业病危害防治责任制度。

2）职业病危害警示与告知制度。

3）职业病危害项目申报制度。

4）职业病防治宣传教育培训制度。

5）职业病防护设施维护检修制度。

6）职业病防护用品管理制度。

7）职业病危害监测及评价管理制度。

8）建设项目职业病防护设施"三同时"（建设项目职业病防护设施必须与主体工程同时设计、同时施工、同时投入生产和使用）管理制度。

9）劳动者职业健康监护及其档案管理制度。

10）职业病危害事故处置与报告制度。

11）职业病危害应急救援与管理制度。

12）岗位职业卫生操作规程。

13）法律、法规、规章规定的其他职业病防治制度。

法律提示

《职业病防治法》第二十四条规定：产生职业病危害的用人单位，应当在醒目位置设置公告栏，公布有关职业病防治的规章制度、操作规程、职业病危害事故应急救援措施和工作场所职业病危害因素检测结果。

对产生严重职业病危害的作业岗位，应当在其醒目位置，设置警示标识和中文警示说明。警示说明应当载明产生职业病危害的种类、后果、预防以及应急救治措施等内容。

33. 职业病防护设施

（1）建设项目职业病防护设施"三同时"

建设单位应当优先采用有利于保护劳动者健康的新技术、新工艺、新设备和新材料，职业病防护设施所需费用应当纳入建设项目工程预算。

建设单位对可能产生职业病危害的建设项目，应当依照《建设项目职业病防护设施"三同时"监督管理办法》进行职业病危害预评价、职业病防护设施设计、职业病危害控制效果评价及相应的评审，组织职业病防护设施验收，建立健全建设项目职业卫生管理制度与档案。建设项目职业病防护设施"三同时"工作可以与安全设施"三同时"工作一并进行。建设单位可以将建设项目职业病危害预评价和安全预评价、职业病防护设施设计和安全设施设计、职业病危害控制效果评价和安全验收评价合并出具报告或者设计，并对职业病防护设施与安全设施一并组织验收。

除国家保密的建设项目外，产生职业病危害的建设单位应当通过公告栏、网站等方式及时公布建设项目职业病危害预评价、职业病防护设施设计、职业病危害控制效果评价的承担单位、评价结论、评审时间及评审意见，以及职业病防护设施验收时间、验收方案和验收意见等信息，供本单位劳动者和安全生产监督管理部门查询。

（2）职业病防护设施的设置

1）对可能发生急性职业损伤的有毒、有害工作场所，用人单位应当设置报警装置，配置现场急救用品、冲洗设备、应急撤离通道和必要的泄险区。

2）对放射工作场所和放射性同位素的运输、贮存，用人单位必须配置防护设备和报警装置，保证接触射线的工作人员佩戴个人剂量计。

3）对职业病防护设备、应急救援设施和个人使用的职业病防护用品，用人单位应当进行经常性的维护、检修，定期检测其性能和效果，确保其处于正常状态，不得擅自拆除或者停止使用。

4）产生职业病危害的用人单位，应当在醒目位置设置公告栏，公布有关职业病防治的规章制度、操作规程、职业病危害事故应急救援措施和工作场所职业病危害因素检测结果。

存在或者产生职业病危害的工作场所、作业岗位、设备、设施，应当按照《工作场所职业病危害警示标识》（GBZ 158—2003）的规定，在醒目位置设置图形、警示线、警示语句等警示标识和中文警示说明。警示说明应当载明产生职业病危害的种类、后果、预防和应急处置措施等内容。

存在或者产生高毒物品的作业岗位，应当按照《高毒物品作业岗位职业病危害告知规范》（GBZ/T 203—2007）的规定，在醒目位置设置高毒物品告知卡，告知卡应当载明高毒物品的名称、理化特性、健康危害、防护措施及应急处理等告知内容与警示标识。

34. 劳动防护用品分类与配备

（1）按规定佩戴和使用劳动防护用品的意义

劳动者在生产过程中应履行按规定佩戴和使用劳动防护用品的义务。按照法律法规的规定，为保障人身安全，用人单位必须为劳动者提供必要的、安全的劳动防护用品，以避免或者减轻职业伤害。但在实践中，由于一些劳动者缺乏安全知识，心存侥幸或嫌麻烦，往往不按规定佩戴和使用劳动防护用品，由此引发的职业伤害事故时有发生。另外，有的劳动者由于不会或者没有正确使用劳动防护用品，同样也难以避免受到职业伤害。因此，正确佩戴和使用劳动防护用品是劳动者必须履行的法定义务，是保障劳动者人身安全和用人单位安全生产的需要。

（2）劳动防护用品的定义与分类

劳动防护用品是指由用人单位为劳动者配备的，使其在劳动过程中免遭或者减轻事故伤害及职业危害的个人穿戴用品。

《劳动防护用品分类与代码》(LD/T 75—1995)按保护部位将劳动防护用品分为头部防护用品、呼吸器官防护用品、眼(面部)防护用品、听觉器官防护用品、手部防护用品、足部防护用品、躯干防护用品、护肤用品、防坠落及其他防护用品九大类。

1)头部防护用品包括普通工作帽、安全帽、防尘帽、防静电帽等。

2)呼吸器官防护用品包括防尘口罩和防毒面罩等。

3)眼(面部)防护用品包括防护眼镜和防护面罩等。

4)听觉器官防护用品包括耳塞、耳罩等。

5)手部防护用品包括普通防护手套、防水手套、防寒手套、防毒手套、防静电手套、防高温手套、防射线手套、防酸碱手套、防振手套、防切割手套、绝缘手套等。

6)足部防护用品包括防尘鞋、防水鞋、防寒鞋、防静电鞋、防酸碱鞋、防油鞋、防烫鞋、防滑鞋、防穿刺鞋、电绝缘鞋、防振鞋等。

7）躯干防护用品包括普通防护服、防水服、防寒服、防冲击服、防毒服、阻燃服、防静电服、防高温服、防电磁辐射服、防酸碱服、防油服、水上救生服、防昆虫服、防风沙服等。

8）护肤用品可分为防毒护肤用品、防射线护肤用品、防油护肤用品等。

9）防坠落用品包括安全带和安全网等，其他防护用品还有防高温的遮阳伞、水上救生用的救生圈、防滑用的防滑地垫等。

《用人单位劳动防护用品管理规范》将劳动防护用品分为以下十大类：

1）防御物理、化学和生物危险、有害因素对头部伤害的头部防护用品；

2）防御缺氧空气和空气污染物进入呼吸道的呼吸防护用品；

3）防御物理和化学危险、有害因素对眼面部伤害的眼面部防护用品；

4）防噪声危害及防水、防寒等的听力防护用品；

5）防御物理、化学和生物危险、有害因素对手部伤害的手部防护用品；

6）防御物理和化学危险、有害因素对足部伤害的足部防护用品；

7）防御物理、化学和生物危险、有害因素对躯干伤害的躯干防护用品；

8）防御物理、化学和生物危险、有害因素损伤皮肤或引起皮肤疾病的护肤用品；

9）防止高处作业劳动者坠落或者高处落物伤害的坠落防护用品；

10）其他防御危险、有害因素的劳动防护用品。

（3）劳动防护用品的配备

用人单位应按照识别、评价、选择的程序，结合劳动者作业方式和工作条件，并考虑其个人特点及劳动强度，选择防护功能和效果适用的劳动防护用品。

1）接触粉尘、有毒、有害物质的劳动者应当根据不同粉尘种类、粉尘浓度及游离二氧化硅含量和毒物的种类及浓度配备相应的呼吸器、防护服、防护手套和防护鞋等。具体可参照《呼吸防护 自吸过滤式防颗粒物呼吸器》（GB 2626—2019）、《呼吸防护用品的选择、使用及维护》（GB/T 18664—2002）、《防护服装 化学防护服的选择、使用和维护》（GB/T 24536—2009）、《手部防护 防护手套的选择、使用和维护指南》（GB/T 29512—2013）和《个体防护装备 足部防护鞋（靴）的选择、使用和维护指南》（GB/T 28409—2012）等标准。

2）对接触噪声的劳动者，用人单位应当为其配备适用的护听器，并指导劳动者正确佩戴和使用。具体可参照《护听器的选择指南》（GB/T 23466—2009）。

3）工作场所中存在电离辐射危害的，经危害评价确认劳动者需佩戴劳动防护用品的，用人单位可参照电离辐射的相关标准及《个体防护装备配备规范》（GB 39800）系列标准为劳动者配备劳动防护用品，并指导劳动者正确佩戴和使用。

4）从事存在物体坠落、碎屑飞溅、转动机械和锋利器具等作业的劳动者，用人单位还可参照《个体防护装备配备规范》（GB 39800）系列标准、《头部防护 安全帽选用规范》（GB/T 30041—2013）和

《坠落防护装备安全使用规范》（GB/T 23468—2009）等标准，为劳动者配备适用的劳动防护用品。

同一工作地点存在不同种类的危险、有害因素的，应当为劳动者同时提供防御各类危害的劳动防护用品。需要同时配备的劳动防护用品，还应考虑其兼容性。劳动者在不同地点工作，并接触不同的危险、有害因素，或接触不同的危害程度的有害因素的，为其选配的劳动防护用品应满足不同工作地点的防护需求。

劳动防护用品的选择还应当考虑其佩戴的合适性和基本舒适性，根据个人特点和需求选择适合号型、式样。

用人单位应当在可能发生急性职业损伤的有毒、有害工作场所配备应急劳动防护用品，放置于现场临近位置并有醒目标识；还应当为巡检等流动性作业的劳动者配备随身携带的个人应急防护用品。

> **Tips 相关链接**
>
> 呼吸防护用品包括防尘口罩、防毒口罩、防毒面罩等，种类很多。根据结构和作用原理，呼吸防护用品分为过滤式和隔离式两大类。
>
> （1）过滤式呼吸防护用品，也称净化式呼吸器，分为机械过滤和化学过滤两类。机械过滤式呼吸器用于防御各种粉尘、烟或雾等有害物质，常见的如防尘口罩。性能好的口罩能过滤掉细尘，并有较好的通气性，阻力小。化学过滤式呼吸器适用于防毒，也称防毒面具，这类防护用品使用薄橡胶制成的面罩，用一软管或直接连接滤料，若有毒物质不刺激皮肤，可只用一个连接滤料的口罩。防护不同的有毒物质需选用不同的滤料，常用的滤料为活

性炭，对各种气体都有不同程度的吸附作用。

（2）隔离式呼吸防护用品，也称供气式呼吸器，有自带氧气式和外界输入式两类。自带氧气式呼吸器供气瓶背在身上，作业可持续的时间与供气瓶大小有关。在易燃易爆物质存在的场合，要注意防止供气瓶漏气引起火灾或爆炸。外界输入式呼吸器又分为固置蛇管面具和送气口罩两种，空气由空压机或鼓风机供给，用于固置蛇管的皮带可连接长绳，其适用范围与自带氧气式相同，但活动范围受蛇管长度限制。隔离式呼吸器主要供发生意外事故时救灾人员使用，或在密不通风、有害物质浓度极高、缺氧等环境下作业的人员使用。

35. 职业病危害因素检测

（1）职业病危害因素检测的目的

对工作场所的职业病危害因素进行日常监测和定期检测，目的在于及时了解职业病危害因素的产生、扩散和变化规律，对劳动者健康影响的程度以及对职业病防护措施的效果进行评价。可为保护劳动者健康，完善相应的防护设施提供科学的依据。

职业病危害因素检测的对象包括用人单位产生和存在职业病危害因素的生产系统、辅助生产系统和公用工程，针对其产生和存在的职业病危害因素进行检测。

（2）用人单位的职责

用人单位应当实施由专人负责的职业病危害因素日常监测，并确保监测系统处于正常运行状态。

用人单位应当按照国务院卫生行政部门的规定，定期对工作场所进行职业病危害因素检测、评价。检测、评价结果存入用人单位职业卫生档案，定期向所在地卫生行政部门报告并向劳动者公布。

发现工作场所职业病危害因素不符合国家职业卫生标准和卫生要求时，用人单位应当立即采取相应治理措施，仍然达不到国家职业卫生标准和卫生要求的，必须停止存在职业病危害因素的作业；职业病危害因素经治理后，符合国家职业卫生标准和卫生要求的，方可重新作业。

（3）职业病危害因素检测相关机构

职业病危害因素检测、评价由依法设立的取得国务院卫生行政部门或者设区的市级以上地方人民政府卫生行政部门按照职责分工给予资质认可的职业卫生技术服务机构进行。职业卫生技术服务机构所作检测、评价应当客观、真实。

职业卫生技术服务机构依法从事职业病危害因素检测、评价工作，接受卫生行政部门的监督检查。卫生行政部门应当依法履行监督职责。

 相关链接

职业病危害因素检测种类

（1）定期检测

定期检测工作场所的职业病危害因素有助于了解工作场所职业病危害因素现状，为职业病危害评价和治理提供依据。

（2）评价检测

适用于建设项目职业病危害预评价、建设项目职业病危害控制效果评价等，为职业病危害源头控制提供依据。

（3）事故性检测

事故性检测为工作场所发生职业危害事故时进行的紧急采样检测，有助于掌握意外事故发生的规律，为制定预防和控制事故发生的方案提供科学依据。

36. 产生职业病危害的设备和材料管理

可能产生职业病危害的设备应当配备中文说明书，并在设备的醒目位置设置警示标识和中文警示说明。警示说明应当载明设备性能、可能产生的职业病危害、安全操作和维护注意事项、职业病防护以及应急救治措施等内容。

可能产生职业病危害的化学品、放射性同位素和含有放射性物质的材料应当配备中文说明书。说明书应当载明产品特性、主要成分、存在的有害因素、可能产生的危害后果、安全使用注意事项、职业病防护以及应急救治措施等内容。产品包装应当有醒目的警示标识和中文警示说明。贮存上述材料的场所应当在规定的部位设置危险物品标识或者放射性警示标识。

国内首次使用或者首次进口与职业病危害有关的化学材料，使用单位或者进口单位按照国家规定经国务院有关部门批准后，应当向国务院卫生行政部门报送该化学材料的毒性鉴定以及经有关部门登记注册或者批准进口的文件等资料。

进口放射性同位素、射线装置和含有放射性物质的物品的，按照国家有关规定办理。

法律提示

《职业病防治法》第三十条规定：任何单位和个人不得生产、经营、进口和使用国家明令禁止使用的可能产生职业病危害的设备或者材料。

第三十一条规定：任何单位和个人不得将产生职业病危害的作业转移给不具备职业病防护条件的单位和个人。不具备职业病防护条件的单位和个人不得接受产生职业病危害的作业。

第三十二条规定：用人单位对采用的技术、工艺、设备、材料，应当知悉其产生的职业病危害，对有职业病危害的技术、工艺、设备、材料隐瞒其危害而采用的，对所造成的职业病危害后果承担责任。

37. 相关从业人员职业卫生培训

（1）用人单位职业卫生培训

对用人单位主要负责人、职业卫生管理人员的职业卫生培训，应当包括下列主要内容：

1）职业卫生相关法律、法规、规章和国家职业卫生标准。

2）职业病危害预防和控制的基本知识。

3）职业卫生管理相关知识。

4）国家卫生健康委规定的其他内容。

用人单位应当对劳动者进行上岗前的职业卫生培训和在岗期间的定期职业卫生培训，普及职业卫生知识，督促劳动者遵守职业病防治的法律、法规、规章、国家职业卫生标准和操作规程，指导劳动者正确使用职业病防护设备和个人使用的职业病防护用品。

用人单位应当对职业病危害严重的岗位的劳动者，进行专门的职业卫生培训，经培训合格后方可上岗作业。因变更工艺、技术、设备、材料，或者岗位调整导致劳动者接触的职业病危害因素发生变化的，用人单位应当重新对劳动者进行上岗前的职业卫生培训。

（2）劳动者职业卫生培训

劳动者应当学习和掌握相关的职业卫生知识，增强职业病防范意识，遵守职业病防治法律、法规、规章和操作规程，正确使用、维护职业病防护设备和个人使用的职业病防护用品，发现职业病危害事故隐患应当及时报告。

劳动者不履行上述规定义务的，用人单位应当对其进行教育。

38. 职业健康监护档案

（1）职业健康检查

对从事接触职业病危害的作业的劳动者，用人单位应当按照国务院卫生行政部门的规定组织上岗前、在岗期间和离岗时的职业健康检查，并将检查结果书面告知劳动者。职业健康检查费用由用人单位承担。

用人单位不得安排未经上岗前职业健康检查的劳动者从事接触职业病危害的作业；不得安排有职业禁忌的劳动者从事其所禁忌的作业；对在职业健康检查中发现有与所从事的职业相关的健康损害的劳动者，应当调离原工作岗位，并妥善安置；对未进行离岗前职业健康检查的劳动者不得解除或者终止与其订立的劳动合同。

职业健康检查应当由取得《医疗机构执业许可证》的医疗卫生机构承担。卫生行政部门应当加强对职业健康检查工作的规范管理，具体管理办法由国务院卫生行政部门制定。

（2）建立职业健康监护档案

建立职业健康监护档案指用人单位根据相关法律法规的要求，对劳动者的职业健康状况进行全面、系统的记录和管理的过程。其核心目的是通过建立和维护职业健康监护档案，系统地观察劳动者健康状况的变化，评价个体和群体的健康损害。通过有效的档案管理，用人单位可以及时发现和处理职业健康问题，预防职业病的发生，保障劳动者的健康权益。

建立职业健康监护档案是《职业病防治法》规定用人单位的一项义务，用人单位必须采取必要的措施，建立并妥善保管好本单位劳动者的职业健康监护档案,档案的资料主要来源于进行职业健康检查的医疗卫生机构。

劳动者职业健康监护档案是劳动者健康状况变化的客观记录,是职业病诊断鉴定的重要依据之一,也是法院审理健康权益案件的书证。因此,用人单位不仅要保证档案资料的完整性、连续性和科学性,还必须建立科学的管理制度。概括地说,职业健康监护档案应包括劳动者职业健康监护档案和用人单位职业健康监护档案。

1)劳动者职业健康监护档案包括以下内容:

①劳动者职业史、既往史和职业病危害接触史;

②职业健康检查结果及处理情况;

③职业病诊疗等健康资料。

2）用人单位职业健康监护档案包括以下内容：

①用人单位职业卫生管理组织组成、职责；

②职业健康监护制度和年度职业健康监护计划；

③历次职业健康检查的文书，包括委托协议书、职业健康检查机构的健康检查总结报告和评价报告；

④工作场所职业病危害因素监测结果；

⑤职业病诊断证明书和职业病报告卡；

⑥用人单位对职业病患者、职业禁忌证者和已出现职业相关健康损害劳动者的处理和安置记录；

⑦用人单位在职业健康监护中提供的其他资料和职业健康检查机构记录整理的相关资料；

⑧卫生行政部门要求的其他资料。

（3）职业健康监护档案的管理

1）用人单位应当依法建立职业健康监护档案，并按规定妥善保存。劳动者或劳动者委托代理人有权查阅劳动者个人的职业健康监护档案，用人单位不得拒绝或者提供虚假档案材料。劳动者离开用人单位时，有权索取本人职业健康监护档案，用人单位应当如实、无偿提供，并在所提供的复印件上盖章。

2）职业健康监护档案应有专人管理，管理人员应当保证档案只能用于保护劳动者健康的目的，并保证档案的保密性。

法律提示

《职业病防治法》第三十六条规定：用人单位应当为劳动者建立职业健康监护档案，并按照规定的期限妥善保存。

工伤预防：职业病防治知识学习手册

职业健康监护档案应当包括劳动者的职业史、职业病危害接触史、职业健康检查结果和职业病诊疗等有关个人健康资料。

劳动者离开用人单位时，有权索取本人职业健康监护档案复印件，用人单位应当如实、无偿提供，并在所提供的复印件上签章。

第5章 常见职业病危害事故应急救护

39. 职业病危害事故的特点与预防

（1）职业病危害事故的特点

1）职业病危害事故多为突然发生，甚至事先没有预兆，难以预测，以致难以采取能完全避免此类事件发生的应对措施。

2）职业病危害事故中患者往往病情严重，主要表现为发病人数多或病死率高。有些疾病甚至难以诊断或是没有特效药，给治疗带来很多困难。

3）职业病危害事故并非仅仅影响少数几个人的健康，而是会影响到相当人数的群体。

4）有的职业病危害事故传播速度很快，职业病危害因素可以通过各种传播途径迅速扩大影响范围，造成更多人受害。

5）职业病危害事故的应急处理往往涉及社会上诸多方面。因此，采取应急措施时不仅需要卫生行政部门来负责，还需要各有关部门通力协作，如交通、公安、城建、环保等行政部门。所以，重大的职业病危害事故的应急处理必须由上级政府统一指挥、统一调配，方能合理妥善处置。

（2）职业病危害事故的预防

职业病的突出特点是不可逆性和可预防性，这两个特性决定了职业病防治工作必须以预防为主，加强前期预防是消除和控制职业病危害的根本措施。

从源头控制职业病危害事故主要有以下4项措施：

1）职业病危害预评价。在建设项目前期，职业卫生技术人员应用卫生评价的原理和方法对建设项目可能产生的职业病危害进行预测性评价。

2）"三同时"制度。建设项目的职业病防护设施，必须与主体工程同时设计、同时施工、同时投产使用。

3）设计审查。审查是否将职业病危害预评价提出的防护措施建议和要求落实到建设项目的设计中。

4）竣工验收评价。建设项目在试运行期间，职业卫生技术人员对建设项目中存在的职业病危害因素浓度（强度）进行测定，对除尘、排毒、通风、照明等各种职业病防护设施、辅助设施、应急救援设施和管理设施进行评价。

 相关链接

职业病危害事故是指突然发生，造成或者可能造成职业人群或社会公众健康严重损害的事故，如核与放射性突发事件、职业中毒、高温中暑、大量危险化学品的泄漏等。

40. 职业病危害事故现场处理原则

（1）及时上报

职业病危害事故发生后，必须迅速上报有关行政部门。按照《突发公共卫生事件应急条例》的要求，逐项报告。争取尽快协调组织好各有关方面的力量，及时果断地落实应急措施。

（2）立即抢救受害者

应立即将受害者带离事故现场，尽快送医，及早抢救，使之尽快脱离危险。必要时应立即隔离，以免病原体进一步扩散。

（3）迅速保护高危险人群

对疑似受害者、确认受害者的密切接触者以及其他相关高危险人群，应根据实际情况，采取相应的医学观察措施。

（4）尽快查明事故原因

查明原因是职业病危害事故预防、控制及受害者抢救、治疗的关键，原因查明了，各项措施的落实才更具有针对性，目标才更明确。

（5）控制危害源

采取措施控制危害源，防止事故进一步扩散。例如，切断泄漏源、稀释驱散有害物质等。

（6）后续处理

对遭受或者可能遭受急性职业病危害的劳动者，及时组织健康检查和医学观察。做好现场恢复工作，防止对人的继续危害和对环境的污染。

法律提示

《突发公共卫生事件应急条例》适用于职业病危害事故的应急管理和处置，强调了快速反应和有效控制的重要性。

41. 急性中毒的现场处理措施

（1）切断毒源，采取关闭阀门、加盲板、关机、停止送气以及堵塞"跑、冒、滴、漏"等措施，使毒物不再继续侵入人体和扩散。对逸散的毒物应尽快抽毒或排毒，采取引风吹散或中和等办法处理。如氯气泄漏可用废氨水喷雾中和，使之生成氯化铵。

（2）查明毒物种类、性质，采取相应的保护措施。现场救援时既要抢救别人，又要保护自己，莽撞地闯入事故现场只能造成更大损伤。

（3）带领中毒者脱离现场后，应松开其领扣、腰带，使其呼吸新鲜空气。如果有毒物污染，应迅速脱掉被污染的衣物，清水冲洗皮肤15 min以上，或用肥皂水清洗，同时注意保暖。

（4）发现中毒者呼吸困难或停止时，应立即进行人工呼吸（氰化物中毒者，禁止实施口对口人工呼吸），有条件的立即吸氧或加压给氧。

（5）对心搏骤停者，应立即实施胸外心脏按压。

（6）发生3人以上的多人中毒事故，要注意现场的抢救指挥，防止乱作一团。对危重者应尽快转送医疗单位急救，在转运途中注意观察其呼吸、心搏等变化，并重点而全面地向医生介绍中毒现场的情况，以便医生准确无误地制定急救方案。

相关链接

急性职业中毒事件中常用的现场快速检测方法

（1）检气管法

检气管法具有简便、快速、直读等特点，在现场几分钟内便可根据检气管变色柱的长度确定被测气体的浓度。

（2）比色试纸法

比色试纸法适用于各种状态的有害物质的测定，其方法简便、快速，且试纸便于携带，是一种半定量方法，但误差较大、干扰因素多，试纸本身易失效。

（3）气体检测仪

气体检测仪具有操作简单、快速、直读、精确度较高、可连续检测等特点，不仅可用于现场快速检测，还可用于监测毒物浓度状况。可检测的气体包括砷化氢、磷化氢等。

（4）气相色谱／质谱分析仪

选用车载式或其他能够现场使用的气相色谱／质谱分析仪，可用于各种挥发性有机化合物的检测，精确度高，检测范围广，特别适用于未知毒物和多种毒物存在的现场。

42. 中毒窒息的救护措施

（1）易发生中毒窒息事故的场所

发生中毒窒息的主要原因是有害气体泄漏、管线串料或氮封等因素导致局部环境中的氧含量低、有害气体含量增加；在密闭、半密闭空间易发生中毒窒息事故，如船舱、储罐、反应塔、压力容器、浮筒、管道及槽车等。

（2）中毒窒息的救护措施

1）抢救人员进入危险区必须戴上防毒面具、呼吸器等防护用品，必要时也给中毒者戴上，并迅速把中毒者转移到有新鲜空气的地方，静卧保暖。

2）对一氧化碳中毒者，若其呼吸还没有停止或呼吸虽已停止但还有心搏，在清除中毒者口腔和鼻腔内的杂物，使呼吸道保持畅通后，应立即进行人工呼吸。若心搏也停止了，应迅速进行胸外心脏按压，同时进行人工呼吸。

3）对硫化氢中毒者，宜采用人工呼吸器进行人工呼吸，避免采用口对口人工呼吸以防止救助者中毒。

4）对因瓦斯或二氧化碳窒息者，情况不太严重时，将其转移到空气新鲜的场地稍作休息；等待其自然苏醒即可；若窒息时间比较长，就要进行人工呼吸抢救。

5）现场急救人员一定要沉着，动作要迅速，在进行急救的同时，应通知专业急救人员到现场进行救治。

（3）预防中毒窒息的措施

1）从事有毒作业、有窒息危险作业的人员必须接受防毒急救安全知识教育，内容应包括所从事作业的安全知识、有毒有害气体的危害性、紧急情况下的处理和救护方法等。

2）进入受限空间作业前，必须对作业环境的氧含量、可燃气体含量、有毒气体含量进行分析；对受限空间进行吹扫、蒸煮、置换；对所有与其相连且可能存在易燃易爆、有毒有害物料的管线、阀门加盲板隔离，不得以关闭阀门代替安装盲板，盲板处应挂标识牌。

3）在有毒场所作业时，必须佩戴防护用具，并全程有人监护。

4）有毒或有窒息风险的岗位要制定应急救援预案，配备相应的防护器具。

5）定期检测有毒、有害场所的有毒、有害物质浓度，确保其符合国家标准。

6）各类有毒、有害物质和防毒器具必须由专人管理；检测有毒、有害物质的设备、仪器要定期检查，保持其完好。

7）健全有毒、有害物质管理制度，并严格执行。有毒、有害物质浓度长期达不到规定卫生标准的作业场所，应停止作业；浓度超过国家职业接触限值或曾发生中毒的作业场所，应作为重点风险点进行整改或监控。

相关链接

用人单位一般会为劳动者集中供应午餐或加班餐，如果食物储存过久、未加工至全熟或煮熟后放置时间太长，很容易引发集体性食物中毒。

食物中毒最常见的症状是剧烈呕吐、腹泻，同时伴有中上腹部疼痛。食物中毒者常会因上吐下泻而出现脱水症状，如口干、眼窝下陷、皮肤弹性消失、肢体冰凉、脉搏细弱、血压降低等，甚至可致休克。

43. 化学灼伤的现场处理

（1）化学灼伤的特点

由强酸、强碱、酚、磷等化学物质引起的损伤，称为化学灼伤，大多数是由设备故障、违章操作或个人防护不当等原因造成的。化学灼伤有以下特点：

1）强氧化剂或还原剂可导致组织蛋白变性、凝固，局部形成灼伤焦痂；

2）脂肪组织持续溶解液化，损伤不断向深层扩展，组织再生极为困难；

3）组织通透性被破坏，局部毛细血管扩张并充血；

4）化学物质可破坏与麻痹皮肤神经末梢感受器，导致皮肤感觉麻木或痛觉过敏等；

5）许多化学物质可导致局部或全身性变态反应，如沥青可导致光敏性皮炎。

（2）强酸灼伤后的现场处理

强酸溅到皮肤上后，应及时用流动清水冲洗10~30 min，同时小心脱去被污染的衣物。不同的酸灼伤有不同的处理方式，如硫酸、盐酸、硝酸灼伤应冲洗后用5%的碳酸氢钠溶液湿敷10 min，再次用大量清水冲洗15 min；氢氟酸灼伤冲洗后应立即涂抹葡萄糖酸钙凝胶，并紧急送医。

强酸溅到皮肤上后，应及时用流动清水冲洗10~30 min，用5%的碳酸氢钠溶液湿敷后，再次用大量清水冲洗15 min。

（3）强碱灼伤后的现场处理

强碱溅到皮肤上后应立即用大量清水冲洗15 min以上，在冲洗干净前禁用中和剂，以免中和反应产热加重灼伤。冲洗完成后用2%~3%硼酸或1%醋酸（碳酸钠灼伤用3%氯化铵）湿敷10 min，之后再用大量清水冲洗10 min。

石灰灼伤时，应先将石灰粉粒清除干净再用清水冲洗，以防石灰遇水产生大量热而加重组织灼伤。

44. 中暑的现场救助

（1）中暑的发病原因及症状

中暑是人体在高温环境下因热平衡失调引发的急性健康损害。中暑发病原因主要是人体产生的热量多于散发的热量，但高温不是唯一的致病因素，生产场所的其他气象条件，如湿度、气流和热辐射也与中暑有直接关系。中暑的高危人群包括婴幼儿、老人、超重者，患有糖尿病、心血管疾病等慢性疾病的人群以及在高温天气下进行剧烈活动的人群。

中暑的主要症状包括头痛、头晕、口渴、面色潮红和神志不清等，若不及时进行干预和治疗，可逐渐发展为昏迷并伴有四肢抽搐，严重时可导致多器官功能衰竭。中暑分为先兆中暑、轻度中暑和重度中暑三个类型。

1）先兆中暑。先兆中暑的症状为暴汗、四肢无力、头晕、口渴、头痛、注意力不集中、眼花、耳鸣、动作不协调等，伴（或不伴）体温升高。

2）轻度中暑。先兆中暑症状继续加重可发展为轻度中暑，表现为体温上升到 38 ℃以上，并且出现皮肤灼热、面色潮红或脱水（如四肢湿冷、面色苍白、血压下降、脉搏增快）等症状。

3）重度中暑。重度中暑包括热痉挛、热衰竭和热射病三种类型。

（2）预防中暑的方法

在高温环境下从事体力劳动的作业人员，在作业前和作业期间应注意休息、饮水，每日补充氯化钠 15 g 左右，但热适应期（5~7 天）后需逐步减量；气温特别高时，可更改作息时间，早出工、晚收工，延长午休时间，以免因出汗过多、血容量减少而影响散热；在工作现场要增加通风降温设备。

（3）中暑患者的现场急救原则

对于轻度中暑患者，应立即将其移至阴凉通风处休息，擦去汗液，给予适量的电解质饮料，患者一般可逐渐恢复；对于重度中暑患者，必须立即送往医院急救。

（4）中暑的预后

中暑的预后与高热程度、持续时间、降温速度、重要器官损伤程度有关。

1）预后。先兆中暑和轻度中暑的患者，及时脱离高温环境，补充水分，一般都可以自行缓解。重度中暑可能会导致热痉挛、热衰竭和热射病,其中热痉挛、热衰竭经过积极治疗,数小时内可以恢复,热射病预后较为严重。

2)严重性。中暑中较为严重的类型为热射病,病死率为20%~70%,50岁以上患者高达80%。

3)后遗症。出现昏迷的热射病患者,尽管给予快速降温处理,但仍有患者留有永久性的后遗症。

> **Tips 相关链接**
>
> 从多起建筑施工人员中暑死亡的病例情况来看,中暑的主要原因是工地的防暑措施没有到位。这些施工人员在出现中暑症状后,没有及时到阴凉环境休息,而是去了工棚或户外,加重了病情。即便建筑施工人员的身体都很好,但在出现中暑症状后,是不能"硬撑"的。

45. 口对口人工呼吸操作

（1）口对口人工呼吸的适用情形

口对口人工呼吸是施救者协助患者呼吸的方法，适用于无自主呼吸或自主呼吸微弱的昏迷、心搏骤停、窒息患者，或者是因为麻醉、电击、中毒以及其他疾病导致的呼吸肌麻痹者。在排除患者气道异物，使其呼吸道畅通后，应立即予以人工呼吸，以保证不间断地向患者供氧，防止重要器官缺氧性损伤。

（2）口对口人工呼吸操作步骤

1）将患者置于仰卧位，施救者站在患者右侧，将患者颈部伸直，右手向上托患者的下颌，使患者的头部后仰。这样，患者的气管能充分伸直，有利于实施人工呼吸。

2）清理患者口腔，包括痰液、呕吐物及异物等。

3）用身边现有的清洁布质材料，如纱布、手绢、毛巾等盖在患者嘴上，防止传染病。

4）左手捏住患者鼻孔（防止漏气），右手轻压患者下颌，把口腔打开。

5）施救者先深吸一口气，用自己的口唇把患者的口唇包住，向患者嘴里吹气；吹气要均匀且持久（像平时长出一口气一样），但不要用力过猛。吹气的同时用眼睛余光观察患者的胸部，如看到患者的胸部膨起，表明气体吹进了患者的肺部，吹气的力度合适；如果看不到患者胸部膨起，说明吹气力度不够，应适当加强。吹气后待患者膨起的胸部自然回落，再深吸一口气重复吹气，反复进行。

6）对一岁以下婴儿进行抢救时，施救者要用自己的口唇把患儿的嘴和鼻子全部包住进行人工呼吸。对婴幼儿和儿童施救时,吹气力度要减小。

7)人工呼吸频率应保持每分钟吹气10~12次。

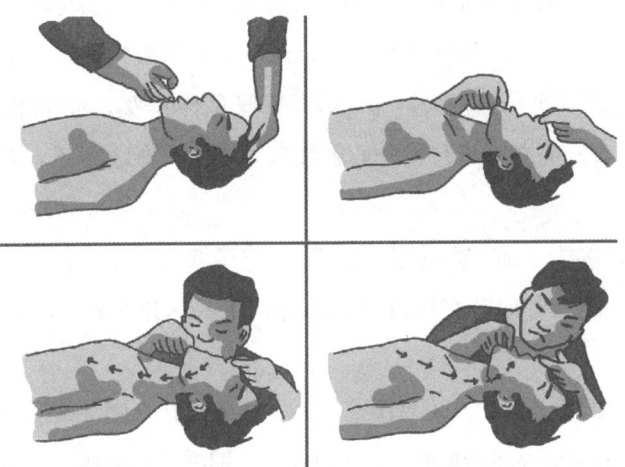

 相关链接

(1)仰头抬颈法

施救者跪在患者头部的一侧,一手放在患者的颈后将颈部托起,另一手置于其前额,并压住前额使头后仰,要求下颌尖与耳垂的连线和地面垂直。动作要轻柔,不可用力过猛。

(2)仰头举颌法

深度昏迷的患者下颌松弛,可采用仰头举颌法,即一手置于患者前额使头部后仰,另一手的食、中指置于下颌骨之下,举起下颌。此法相较于仰头抬颈法,可支撑下颌,使牙托复位,避免堵塞气道,使口对口人工呼吸更易于进行。

46. 胸外心脏按压操作

（1）胸外心脏按压的适用情形

胸外心脏按压适用于多种紧急情况，如窒息、气体中毒、溺水、触电，以及其他导致心搏停止或严重心律失常的紧急情况。当患者突然出现意识丧失、无呼吸（或叹息样呼吸）、心搏极其微弱或停止时，应立即进行胸外心脏按压，以保持血液循环，增加生存机会。

（2）胸外心脏按压的基本要领

1）使患者仰卧在比较坚实的地面上，解开衣服，清除其口内异物。

2）施救者蹲跪在患者腰部一侧，或跨跪在其腰部两侧，两手相叠。将掌根放在患者胸骨下1/3的部位，即把中指尖放在其颈部凹陷的下边缘时，手掌根部所处的位置。

3）施救者两臂肘部伸直，掌根用力垂直下压，按压深度为3~5 cm。

4）按压后，掌根迅速全部放松，让患者胸部自动复原，放松时掌根不必完全离开患者胸部。

按以上步骤连续不断地进行操作，每秒钟按压1次。按压时定位必须准确，压力要适当，不可用力过大过猛，以免挤压出胃中的食物堵塞气管而影响呼吸，或造成肋骨折断、血气胸和内脏损伤等；也不能用力过小，导致起不到按压的作用。

第 5 章　常见职业病危害事故应急救护

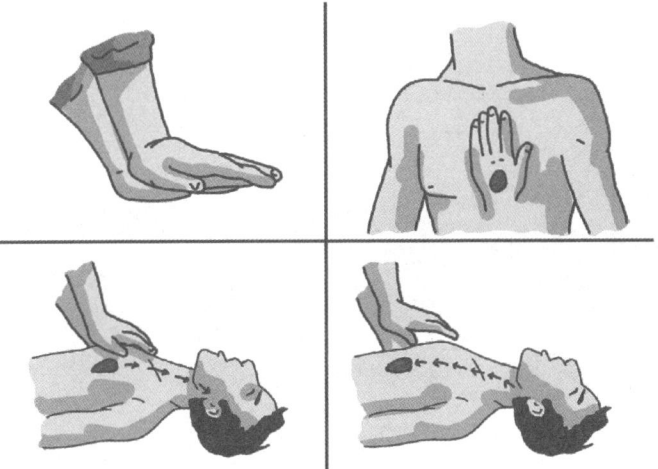

Tips 相关链接

患者一旦呼吸和心搏均停止,应同时进行口对口人工呼吸和胸外心脏按压。如果现场仅有 1 人救护,两种方法应交替进行,每吹气 2~3 次,再按压 10~15 次。人工呼吸和胸外心脏按压急救,在施救者体力允许的情况下应连续进行,直到患者恢复自主呼吸与心搏,或有专业急救人员到达现场。